マルハナバチを使いこなす

より元気に長く働いてもらうコツ

光畑雅宏［著］

農文協

これがマルハナバチだ

セイヨウオオマルハナバチ

90年代から導入され、
ホルモン処理による受粉作業の大幅軽減に貢献

©Koppert.B.V.

在来種のクロマルハナバチ

セイヨウより体が大きく、おとなしい

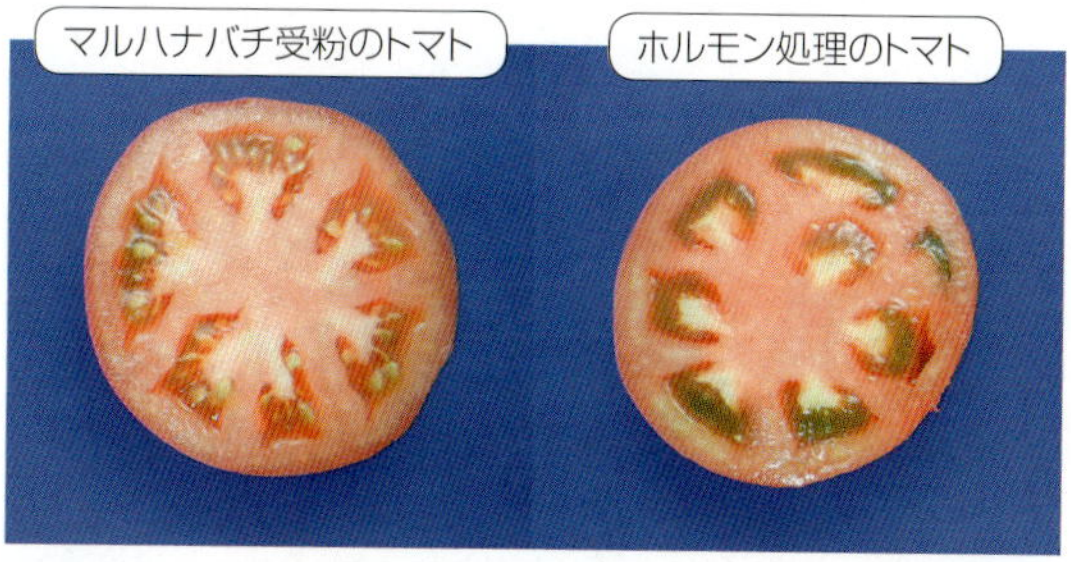

マルハナバチ受粉のトマトには種子ができ、ゼリー部分が充実して空洞果が減り、糖度やビタミンCが増える（24ページ）

マルハナバチ受粉のトマトは花がらが果実底部に残るが、自然に落下する（25ページ）

ホルモン処理のトマトは花がらがヘタなどに残り、灰色かび病の発生原因になる

どう判断したらよいか？

マルハナバチはトマトの花の葯（雄しべ）にかみついて体をふるわせ花粉を集めるので（振動受粉という）、かみ跡がバイトマークとして残る（バイトは英語で「噛む」という意味）

葯についているバイトマークが、圃場全体に飛び飛びでなく80～90%の割合でまんべんなく確認できれば訪花が活発とみてよい（51ページ）

開花翌日以降の花にまんべんなくバイトマークがついていればよい（先端の開花当日の花にはついていなくてよい）

訪花しているかどうかは

薄いバイトマーク（右）、濃いバイトマーク（左）。どちらがよいということではなく、圃場全体にまんべんなくバイトマークを確認できることが重要

バイトマークが濃すぎる過剰訪花のトマトの花。エサである花が少ないために起こる。カラー口絵（5）ページのように巣箱の外に幼虫を捨てる現象も同じ原因によるもので、落果（花）の原因にもなるので注意が必要

——使うときに注意したいところ

雌しべが飛び出している（長花柱花）

これも温度障害の症状の一つ。こんなときもホルモン処理に切り替えたほうがよい

トマトの花が白い（白花）

ハウス内温度が高すぎるか、低すぎる。花の状態が悪く、マルハナバチが受粉しても受精しないので、花の状態がよくなる温度にする。場合によっては、ホルモン処理に切り替える（60ページ）

こんな花には訪花しない

○ 花の状態がよい花

雄しべが紫外線を吸収して、ガイドマークがはっきり見える（下）

✕ 花の状態が悪いトマトの花

マルハナバチの目で見ると、どこに花があるかを知る手がかりとなるガイドマークが消えて（下）、雄しべがはっきりと認識できないので、花に訪れにくい（59ページ）

こんなときどうする？

巣箱の下に幼虫が大量に死んでいる

エサ（花粉を提供してくれる花）が少ないので、養いきれなくなった幼虫を捨てている。このままだと巣の寿命が短くなるので、乾燥花粉を積極的に補給する（53ページ）

（捨てられた幼虫を拡大したところ）

補給した乾燥花粉に群がるクロマルハナバチ。ハウスの床にコンテナを置き、そこに器を載せて乾燥花粉を入れている。容器は青い色のものがハチが見つけやすい

流蜜しないトマトやナスでは、花蜜の代わりに糖液の補給所も設けるとよい。体の大きいクロマルハナバチには特に効果大で、巣箱が長持ちする（55ページ）

使える作物は？

ナス

ナスの花もトマトと同様、葯が下向きに突出した構造なので、マルハナバチの振動受粉が適している

ナスのバイトマーク（矢印）。葯が大きくて集束していないためかみづらく、トマトと比べると少し薄く、線状になることも多い

（撮影：田井和宏）

イチゴ

イチゴの花に訪れたマルハナバチ。後脚にイチゴ特有のこげ茶色の花粉団子（矢印）が見える

ハウス内の糖液補給所でなかよくエサをとるミツバチとマルハナバチ

トマト以外に

ウリ類

メロンに訪花したクロマルハナバチの働きバチ

キュウリの花弁についたマルハナバチの足跡（矢印）

切り花ホオズキ

ホオズキの花に訪花するクロマルハナバチ

切り花ホオズキのハウスに設置されたクロマルハナバチの巣箱

ズッキーニ

ズッキーニの圃場に設置されたマルハナバチの巣箱

ハウスモモ

雄しべに前肢をひっかけて集めた花粉を器用に後脚で大きな花粉団子にしている

ハウスオウトウ

ハウスオウトウに訪花しているクロマルハナバチ

パッションフルーツ

パッションフルーツに訪花するクロマルハナバチ。背中にたっぷりと付着している花粉が下向きの雌しべに付着する

はじめに――花粉を運ぶ「送粉者」がわれわれの食料生産を支えている

日本人にとって「ハチ」とは、危険生物の代表格のようにとらえられがちだが、じつは植物の果実や種子をつくるために必要な「受粉」を手助けする生物の代表格でもある。

受粉とは、雄しべから放出される花粉が雌しべに運ばれる現象である。花粉が雌しべの先端の柱頭に運ばれる手段には、風の力を借りるもの、水の力を借りるものの他に、他の生物（動物）の手助けを受けるものがある。特に、他の動物に花粉を運んでもらう植物には、われわれが食料として利用している野菜や果樹が多く含まれるため、受粉の手助けをしてくれる動物は、われわれヒトにとっても、非常に重要な存在である。

近年、われわれヒトはこの花粉を雌しべに運んでくれる存在を「送粉者」あるいは「花粉媒介者」と呼び、それらがもたらしてくれる自然への、あるいは農作物生産においての恩恵がいかに重要なものであるかに気づき始めた。送粉者には哺乳類、鳥類そして昆虫類が例としてあげられる。中でも、送粉者としての重要性に関する研究が最も進み、その重要性が評価されつつあるのがハチの仲間である。

ただし、ハチといってもすべてのハチが送粉者というわけではなく、花を訪れ、花から得られる花粉や蜜を自身の食料としている「ハナバチ」というグループがそれに当たる。ハナバチの代表者は、多くの人にとってなじみの深いミツバチであるが、その双璧ともいえるのが、本書の主人公であるマルハナバチである。

マルハナバチは、われわれ日本人を含むアジア人にとってはなじみの少ないハチであるが、欧米人にはあるいはミツバチ以上に親しみのある存在である。かの有名なダーウィンの「種の起源」（１８５９年）にも登場し、牧草の受粉にはマルハナバチが最も有用であるとまで記されている。そのため、イギリス人がニュージーランドへの移住の際に、家畜といっしょに家畜のエサとなる牧草を増やすための重要な存在としてて4種のマルハナバチをイギリスから船で運んだことは、送粉者としてのその存在価値の高さを証明している。またその愛くるしい容姿からか、クラシック楽曲の題材になったり、絵本の主人公になったり、スポーツ用品メーカーの名前およびエンブレムとなったりと、欧米の人々の生活に深く浸透した昆虫といえる。

ただ、この古くから親しまれてきたマルハナバチが増殖され、農作物生産に利用されるようになったのは、意外にも1980年代後半とそれほど歴史の古いことではない。1987年にベルギーの研究者により大量増殖技術が確立されて以降、特に果菜類の施設栽培には欠かせない受粉技術となったマルハナバチは、現在、世界中で年間200万群が流通しているといわれる。もともとは施設で栽培されるトマトやナスなどの果菜での利用が中心であったが、アメリカ合衆国では見渡す限りの広大なイチゴ畑で利用され、欧州や韓国などでは露地のリンゴなどにも利用されるようになっているという。

わが国でも、1992年からその販売が始まって四半世紀がたち、マルハナバチによる受粉技術は施設のトマト栽培には特に欠かせない技術となった。同じナス科のナスはもちろんのこと、ピーマン、シシトウ、イチゴ、メロン、スイカ、ブルーベリー、パッションフルーツ、モモ、オウトウ、切り花ホオズキなど多岐にわたる作物に利用が広がっている。

筆者は、昆虫学を本格的に志そうと大学の研究室に入った。それまで、クマバチとマルハナバチの区別もつかなかった。そもそもハチという生き物に関心のなかった筆者であったが、先輩が飼育しているマルハナバチのその愛くるしい容姿もさることながら、必死に幼虫を抱きかかえるように子育てをしている姿に一目ぼれしてしまった。ちょうどその秋にわが国でのマルハナバチ利用がスタートした。
日本にマルハナバチを利用した農作物受粉の技術がもたらされて25年。と同時に筆者がマルハナバチにかかわって25年。この節目の年に、わが国におけるマルハナバチの利用にとって一つの転期が訪れた。それは環境省と農林水産省によるマルハナバチの利用種の転換方針である。
これまで欧州原産のセイヨウオオマルハナバチという外来種の利用に慣れ親しんできた農業現場においては、種の異なる在来種のマルハナバチ（クロマルハナバチなど）への利用種の転換である。同じマルハナバチとはいえ、分布域が異なれば、その生態は異なる。生態が異なれば栽培現場での利用にも異なる点が出てくる。いっぽうで同じマルハナバチであるがゆえに、利用方法が共通している部分も多い。じつは、筆者のマルハナバチ研究の歴史は、在来種マルハナバチの実用化とその利用方法の確立の歴史といっても過言ではない。

本書は、より上手にマルハナバチを利用してもらうためのバイブル的存在になればという願いで、その生態をわかりやすく解説することに力を注いで執筆した。また、これまで多くの在来種マルハナバチ利用をアドバイスしてきたノウハウをもとに、生産現場が不安なく利用種転換できるようにという願いも同時に込めた。本書が、生き物としてのマルハナバチの魅力そのものにも触れつつ、わが国の食料生産に少しでも寄与できることを願ってやまない。これからマルハナバチを利用する方はもちろん、これまでマルハナバチを長年利用されてきた方にも、本書を活用いただければ幸いである。

光畑雅宏

２０１８年春

目次

第3章　各種果菜類・果樹での利用法

1　ナス

2　イチゴ

第4章 もっと知りたいマルハナバチQ&A

第5章 マルハナバチ利用のこれから

マルハナバチ 絵目次

ハウスに入れた
マルハナバチが飛ばないんだよ。
作業してても、たまに
花にいるのを見かけるくらい。
この寒さのせいだろうね。
えっ!?
マルハナバチって
寒いと飛ばないんだっけ？
オレたち、マルハナバチのこと、
何にも知らねえなあ。
そもそも、
何のために飛ぶんだい？

☞ マルハナバチとはどんなハチなのかは、第1章から。

第1章

マルハナバチって
どんなハチ?

カリバチとハナバチ

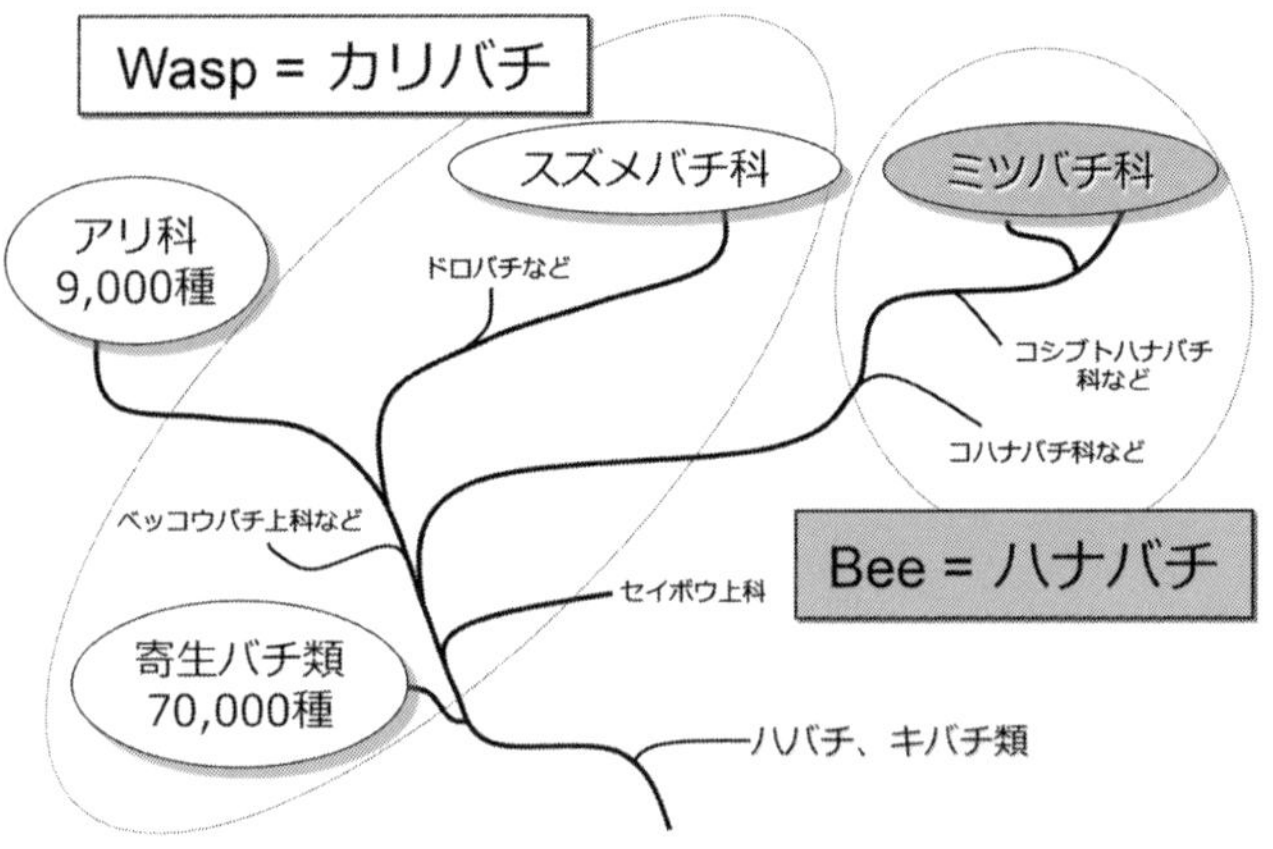

図1－1　ハチの仲間

肉食ではなく、蜜や花粉をエサとする

ハチの仲間（ハチ目）は、世界に約12万種以上がいるとされ、昆虫の中でも3番目に大きなグループを形成している。

ハチ目は、植物を食害するハバチ、キバチを祖として、天敵昆虫として利用されている寄生バチや、スズメバチ、アシナガバチなどのカリバチ類、雑食性のアリも含まれる。そして、花から得られる蜜（炭水化物）や花粉（タンパク質・ミネラル）をエサとしているハナバチ類がこれに加わる（図1―1）。

ハチという昆虫のイメージを聞くと、日本人の多くは「刺す」「危険」と回答することが多い。その代表であるスズメバチやアシナガバチは、他の昆虫の体組織をエサとする肉食の「カリバチ」と呼ばれ、英語では「Ｗａｓｐ」と表記される。いっぽう、ミツバチのように花から得られる蜜や花粉をエサにしているハチを「ハナバチ」と呼び、同じハチでも英語では「Ｂｅｅ」と使い分けられている。

ミツバチとは似ても似つかない体型

本書の主役であるマルハナバチもBumblebeeと表記され、蜜や花粉を求めて花から花へと飛び回るハナバチの仲間である。分類上はミツバチ科に属し、ミツバチに近い仲間であるが、全身をフサフサの毛に覆われ、ミツバチとは似ても似つかない体型をしている（カラー口絵⑴、⑹ページ）。

熱帯のミツバチ、温帯のマルハナバチ

生まれは温帯の北のほう

マルハナバチは世界に約280種が知られており、主に熱帯地域で種分化してきたミツバチとは異なり、そのほとんどが温帯の北部域に分布し、北極圏に分布するものまでいる（図1―2）。

温帯地域の気候の特徴は、はっきりと四季があることである。つまりマルハナバチがエサとする花が咲かないもしくは少ない「冬」という季節が存在する。そのため、マルハナバチは、蜜や花粉を提供してくれる花が咲く時期、つまり、冬を除いた春から秋のおよそ半年間のみ集団（コロニー）での生活を営む（図1―2）。

1頭の女王バチと多くの働きバチで集団生活

コロニーは1頭の女王バチと数十から数百頭の働きバチにより形成され、巣を生活の基本単位として、成虫である働きバチが次世代の蜂児《ほうじ》（卵、幼虫、蛹など）の世話をしながら生活する真社会性昆虫である（図1―2）。

働きバチは、蜜や花粉などのエサを集める「採餌《さいじ》」と、蜂児に対する給餌や保温などの「育児」を共同で行ない、その活動を支えるエサを得るために訪花して花の蜜や花粉を利用する。

営巣期間が春から秋までと短く、女王バチ1頭で始まるという制約もあって、コロニーは働きバチの数で数十から数百頭という比較的小さなものにとどまる。

マルハナバチの巣は、ミツバチと同様にロウ（蝋）を材料としているが、ミツバチのように均一な六角形の巣房が整然と並んだ構造ではなく、「鶉《うずら》の卵」を想像させるような楕円形（まんじゅう型）の巣室で構成される（写真1―1）。この巣室は、蛹や幼虫の成長に合わせて伸縮し、大きさも配置も不規則で、横もしくは縦に連なった構造となる。

マルハナバチが巣を作る空間は地中の空洞などで、完成した巣の大きさは種によっても異なるが、大きなものでもサッカーボール大程度である。

マルハナバチの一生——巣作りは春から秋の半年

エサである花粉や蜜を提供してくれる花が豊富な春から秋の6カ月が巣作りの期間*

*ハウスの中では1.5～2カ月で寿命を迎えることが多い（72ページ）

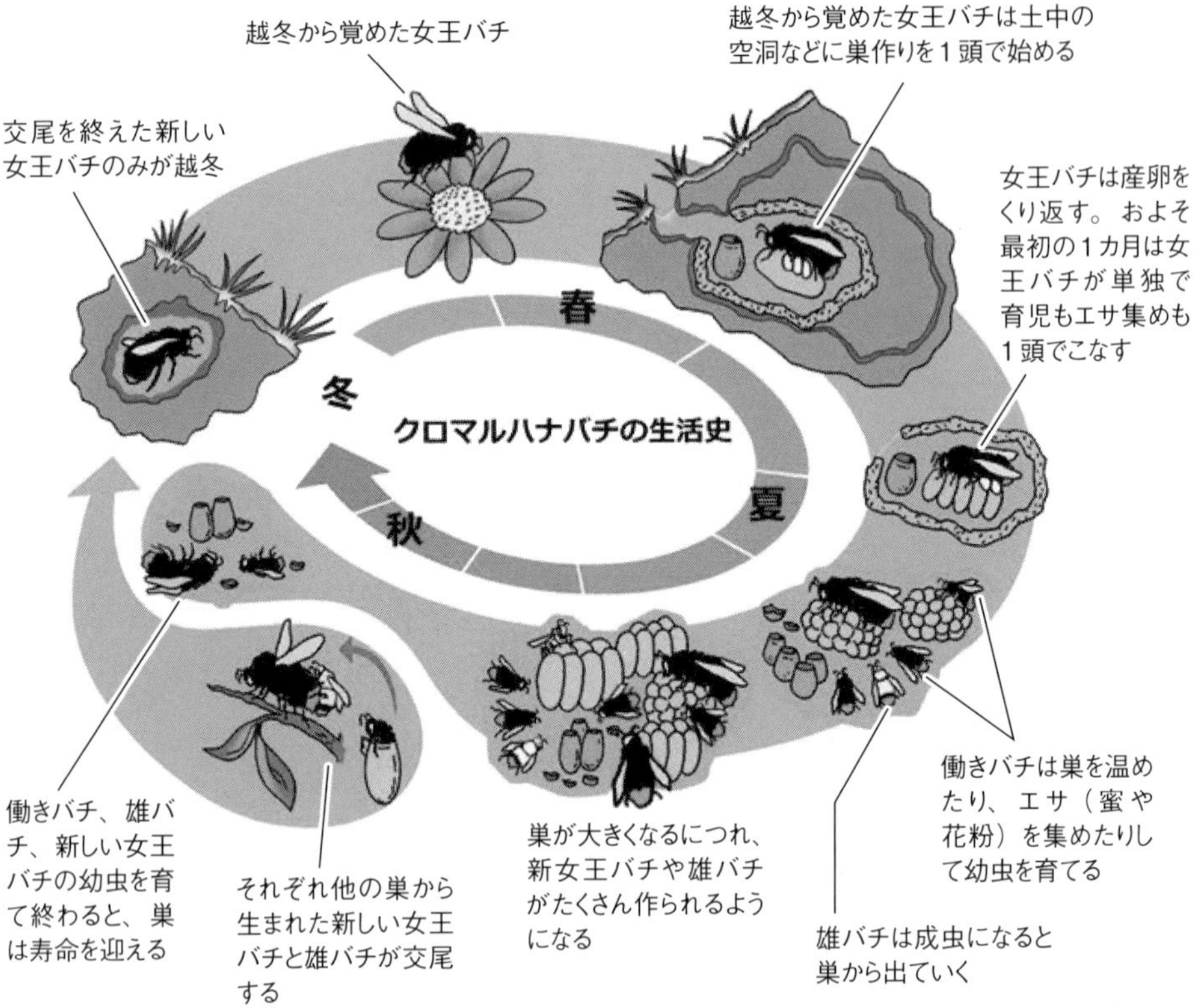

©Koppert.B.V.

マルハナバチの起源——温帯の北部

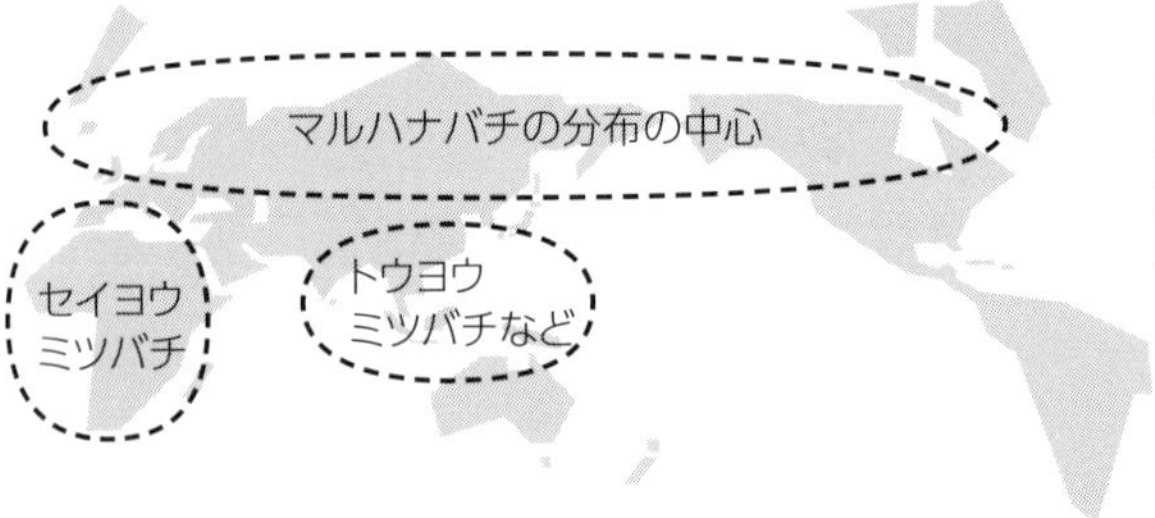

温帯の北部域が分布の中心。北極圏にも分布し、冷涼な気候に適応するように進化してきた

マルハナバチの巣（コロニー）――社会を作る

巣を生活の基本単位として、それぞれに仕事と役割を持ち、社会を作っている

巣の中に女王バチは1頭。仕事はひたすら卵を産み続けること

女王バチ

巣の中の幼虫を育てるのが仕事。巣の発達に貢献する。働きバチのうちの10～20％が花を訪れて蜜や花粉を集める外勤バチで、残りは巣を温めたり、掃除をしたりする内勤バチ。数は数十～数百頭

働きバチ（雌バチ）

新しい女王バチと交尾して、巣の更新に貢献。生まれてくる数は数十～数百頭

雄バチ

（提供：神戸裕哉）

マルハナバチの生態――寒くても働く

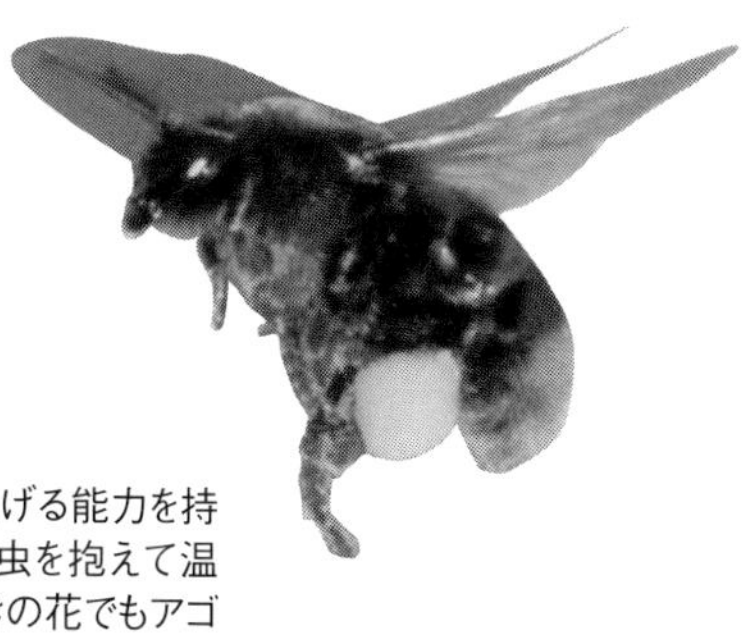

●胸の飛翔筋が発達している

筋肉を動かして体温を上げる能力を持ち、お腹の下に卵や幼虫を抱えて温めることができる。下向きの花でもアゴでかみついてから飛翔筋をふるわせて、花粉を落として集めることができる

●貧乏暇なし

大量の蜜や花粉を巣に貯えるミツバチに対し、マルハナバチは１～２日分の貯えしか持たない。よって多少の悪天候でも訪花してエサを集める

図1－2　上手なマルハナバチ使いになるために

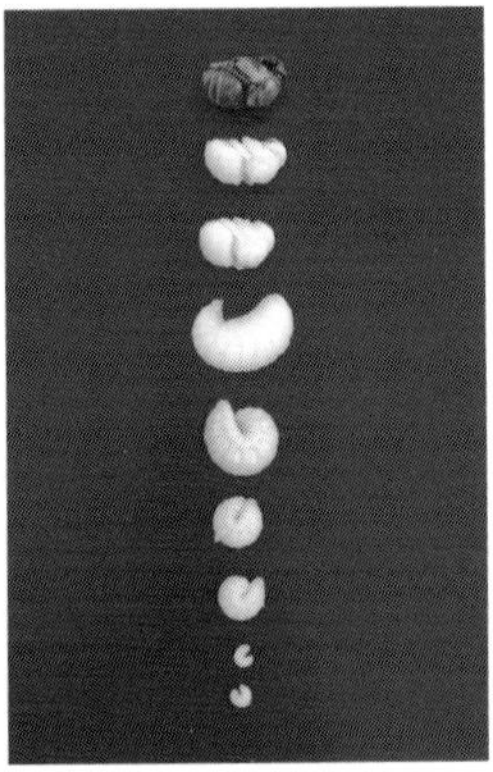

写真１－１　発達したクロマルハナバチの巣（左）と蜂児の成長過程（右）

貧乏暇なし

働きバチの量、巣の大きさなども一つの制限要因と考えられるが、蜜や花粉などのエサを巣に貯えることができる貯食量はそれほど多くない。ミツバチは大量の蜜や花粉を巣に貯える性質があるが、マルハナバチは１～２日分の貯えしか持たない。このため、曇天もしくは小雨程度であれば、訪花して採餌活動を続ける。いうなれば「貧乏暇なし」といったところ（図１―２）。

これは、農作物の花粉交配に利用する点から考えると、むしろ天候条件に左右されない安定した受粉活動が期待できるということがいえる。

寒くても適応できる

マルハナバチを特徴づける生態、行動の多くが、冷涼な温帯の北部域つまり高緯度地域の環境に適応したことに由来するものが多い。

前述の曇天や小雨の中でもよく活動することなどは、貯食能力が低いことにもよるが、北極圏など夏の期間の短い地域では、チャンスがあれば少しでも多く外勤活動を行なって資源を集める必要があるからである。少々の悪天候や、明るさの残る白夜でもエサをとりにいくことができる能力の獲得は彼らの営みにとって重要な意味を持つ。そのために、彼らは非常に低い照度でも活動することができる。

たとえば、セイヨウオオマルハナバチは１００ルクス程度の街灯下のようなほのかな光を感知することができる。この光に対する感受性は、照度だけではなく紫外線強度の感知にも関係していると考えられ、ミツバチと違って、低紫外線条件になる紫外線カットフィルムのハウスでもある程度活動できることにもつながっていると思われる。

巣を温めて幼虫や蛹を育てる

また、このようなマルハナバチの高緯度適応による生態は、巣を温めながら蜂児（卵・幼虫・蛹）を育てるという行動にも表われている。働きバチだけでなく、遺伝子をつなぐ雄バチや女王バチの生産まで短期間に行なわなければならない北方のマルハナバチにとって、環境の変化に左右されず蜂児を育てて巣を大きくするためには、一定の温度をかけて育てることが効率のよい方法である。このため、マルハナバチの巣内は常に31～32℃程度に維持されている（37ページ）。

この温度維持を可能にしているのは、マルハナバチの発熱能力である。われわれ人間と同じように、マルハナバチも筋肉を動かすと体温が上昇する。マルハナバチの筋肉は、飛ぶための翅《はね》を動かすために胸部にある飛翔筋である（図1―2）。

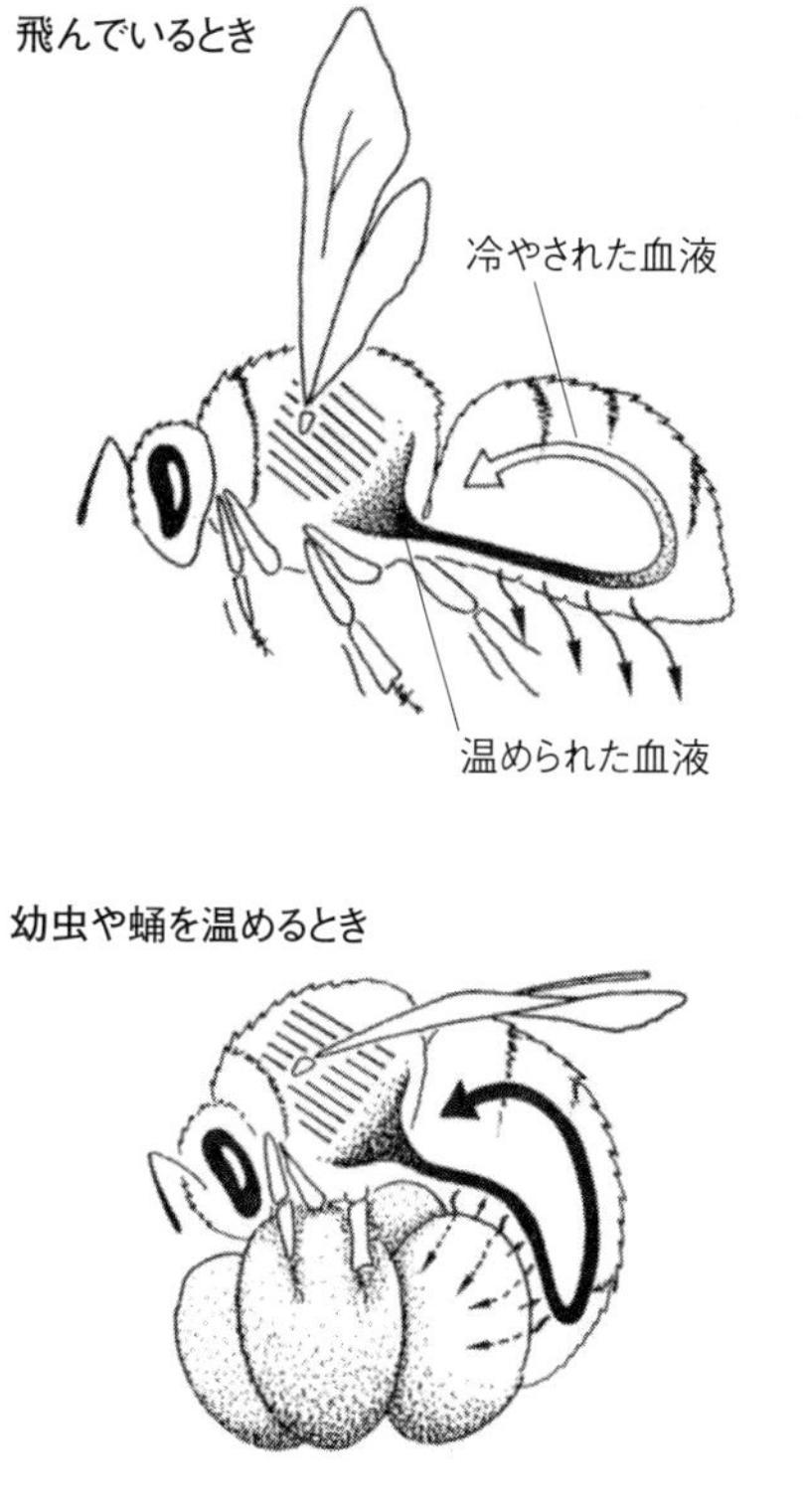

図1－3　マルハナバチにおける熱代謝システム
（ベルンド・ハインリッチ、1979を改変）

飛んでいるときにはこの熱を体液の流れなどを利用してお腹から熱を逃がし、オーバーヒートしないようにしている。いっぽうでお腹の下に蜂児を抱きかかえるようにすれば、筋肉で生産された熱は逃げ場を失い、マルハナバチの体はカイロのようになり、幼虫や蛹などの蜂児を温めることができる（図1―3）。

花を揺すって花粉を採集できる

巣の中を高い温度で保温することを可能にしているマルハナバチの発達した飛翔筋は、「飛ぶ」「巣を温める」だけでなく、もう一つの重要な役割を持つ。それは「振動採粉」と呼ばれる、

写真1－2　下向きに咲くトマトやブルーベリーに訪花するクロマルハナバチ
脚に大きな花粉団子が見える

花から花粉を得る方法である。

　マルハナバチは自分たちが上に乗ることができるような、あるいは潜り込めるようなエサを集めやすい花だけではなく、乗ることも体を入れることもできないような小さな下向きの花にも積極的に訪れることができる。このような花は降雨時でも花の中が濡れにくく、先に記したような悪天候時の採餌を可能にしてくれる。

　マルハナバチはこのような花を訪れると、下向きの花の下で自身の体を受け皿にし、大アゴで葯や花弁などの花の一部にかみついて体を固定するなどして飛翔筋をふるわせる。すると花が揺すられ、受け皿である体に花粉が降ってきて花粉を採集することができる（写真1－2）。

　この振動採粉またはバズ・フォレジングと呼ばれる花粉採集方法を可能にしているのが、花を揺するほど発達した筋肉である。この能力こそが、本書の主題である、マルハナバチがトマトなどの農作物受粉用の資材として産業利用されることになった最大のポイントといえる。

コラム❶ マルハナバチの産業利用

　彼らが行なう振動採粉による花粉の採餌方法が、下向きで、花粉が葯の中に収まったままのトマトの受粉に有効であることが1985年に認められると、1987年にはその商業的大量増殖技術がベルギーで確立された。

　マルハナバチは、蜜（糖液）や花粉を与えれば、その一生を温度・湿度が人工制御された完全な閉鎖空間の中でまっとうさせることができる。このため、マルハナバチは閉鎖された工場の中で、半ば工業製品のように大量増殖することができるという大きな利点を持っている。

　また、欧米の研究者により交尾済みの次世代女王バチの越冬期間を回避・短縮させる技術が確立されたことで、年間を通していつでもマルハナバチのコロニーを生産、利用することが可能になった。そのことが、さらにマルハナバチの農業場面での利用を拡大させ、現在のような一大産業となった。

　日本では、マルハナバチはもともとあまりなじみのない昆虫であったが、この技術は1990年9月、日本の養液栽培研究会のヨーロッパ視察団によって日本に紹介されることになる。

　その後、この技術は、静岡県農業試験場病害虫部の池田二三高研究主幹、三重大学農学部（故）松浦誠教授を中心に愛知県、三重県の農業試験場などで検討が進められ、翌年1991年12月、最初のセイヨウオオマルハナバチ16コロニーが日本に導入された。その花の構造からミツバチによる花粉媒介が困難で、植物ホルモン剤で「想像・擬似受粉」が行なわれてきたトマト、ミニトマトに、1992年から本格的な導入が開始された。

第2章

トマトでの利用法

1 利用する前に

導入の利点と欠点は何か

着果作業労力の軽減だけが利点ではない

マルハナバチを施設栽培で導入する理由は、植物生長調整剤の噴霧による単為結果処理（以下、ホルモン処理）の労力軽減に尽きると思われる方も多いだろう。

確かに、トマト栽培におけるホルモン処理作業は、1花、もしくは1花房ごとの処理が要求され、栽培管理の中でも大変労力のかかる作業の一つである。現在栽培されている多くの品種では、「段」と呼ばれる1花房ごとに数個の花が順次開花する。大玉トマトでは1段でおおよそ5～6花が咲く（ミニトマト、中玉トマトではそれ以上）。トマトの受精期間は、作型、気象条件などで多少異なるが、開花後4～5日程度。開花期間が比較的長くなる冬期でも、最低でも1週間に1回はホルモン処理を行なわなければならない。

ホルモン処理にかかる労働時間は、全栽培期間に行なわれる作業労働時間の7～10％に相当する。また、ホルモン処理は午前中に行なうことが推奨されているため、収穫が始まると、午前中の収穫作業と相まってその作業労力は一段と過酷さを増すことになる。

この作業をマルハナバチに任せることによって大幅な省力化となる。施設トマトでマルハナバチによる受粉技術が普及、平準化したのは労力軽減が大きな要因であることは間違いない（表2―1、写真2―1）。

しかし、マルハナバチの効用はそれだけではない。

空洞果が減り、糖度やビタミンCが増える

マルハナバチが花粉を媒介し、受粉（受精）させることで、トマトには種子ができる（カラー口絵①ページ）。

このことにより種子の保護・栄養剤であるゼリー部分が充実し、空洞果の発生が減少する。その結果、①果実重量の増加、②糖度やビタミンCなどの成分含有量の増加、③果実硬度の上昇など収量、秀品率の向上も認められる。

灰色かび病も減り、減農薬でイメージアップ

加えて、ホルモン処理では花の状況

写真2－1　トマトにおけるホルモン処理作業　（撮影：神戸裕哉）

花もしくは花房をつまみながらの重労働

表2－1　ミニトマト栽培における年間労働時間とその割合

（愛知経済連調べ、1991）

作業内容	労働時間	比率（%）
苗床準備	5.1	0.2
播種	3.5	0.1
移植	19.2	0.8
接ぎ木	19.0	0.8
育苗管理	16.0	0.6
定植準備	36.8	1.5
施肥、うね立て	19.2	0.8
定植	22.5	0.9
整枝、誘引	285.8	11.4
摘葉、摘果	222.8	8.9
ホルモン処理	173.7	6.9
灌水	41.0	1.6
病害虫防除（薬散）	15.2	0.6
その他	75.9	3.0
収穫	741.2	29.6
選果、梱包	769.5	30.7
後片付け	37.1	1.5
合計	2,503.5	100.0

写真2－2　ホルモン処理によってヘタに残った花がらから発生した灰色かび病

に関係なく子房の肥大が始まるため、ヘタの部分にしおれた花弁などの「花がら」が残ることが多い（カラー口絵(1)ページ）。この「花がら」は灰色かび病の発生原因にもなる（写真2－2）。しかし、マルハナバチで受粉した花は、花が閉じてから果実肥大が始まるため、果実の底部に「花がら」が残る。花がらの多くは誘引や葉かきなどの通常作業による振動などで落下するため、果実周辺の灰色かび病の発生も抑えられる。

さらには、マルハナバチを導入するハウスは、化学合成農薬の種類や回数の制限を受けるため、天敵昆虫や微生物農薬などの生物農薬が利用されることが多い。こうした結果、マルハナバチの導入は、安心・安全野菜のイメージを消費者に与えるＩＰＭ（総合的病害虫管理）や環境保全型農業の牽引役としての役割も果たしている。

樹にかかる着果負担は大きくなる

マルハナバチでトマトを受粉する場合には、栽培管理面にも変化があることを心得ておく必要がある。それは、トマトの樹にかかる着果負担が大きく異なる点である。

すでに述べたように、マルハナバチで受粉したトマトはホルモン処理したトマトとは異なり、果実に種子が入り、空洞果が減り、ビタミンC含有量や糖度が上昇し、果実重量も増す。着果負担による樹勢低下を軽減するためには、元肥ではなく追肥を2割程度の目安で増すことが指導されている例もある。また、水の吸収が増えることも意識しておきたい。

また、このことに関係してくるのがマルハナバチの巣箱の導入タイミングである。たとえば、マルハナバチによる受粉を1段目花房から実施するのか、定石どおり3段目花房から行なうのかによっても樹勢の維持、定植時の植え穴に処理する粒剤の種類の選定などにも関与することになる。

1 利用する前に

導入前のおさえどころはどこか

花粉のよしあしを意識すること

マルハナバチを利用する場合にいちばん重要で、ホルモン処理の場合と意識を変えなければならないポイントは、花の状態に気を配るということである。

前述のとおり、ホルモン処理では多くの場合、花の状態に関係なく果実が肥大する。しかし、マルハナバチによる場合には、「受粉（受精）」という過程が加わる。この過程では、トマトの雌しべ（柱頭）に運ばれた花粉が柱頭の上で花粉管を発芽させて伸長し（写真2—3）、精子を卵母細胞（種）の待つ子房へと運ばなければならない（図2―1）。

　この現象は、花粉は発芽するか（稔性を持っているか）、柱頭は受精能力があるかなど、トマトの花の生理状態に大きく左右される。ただ花が咲いていればよいということではなく、受精能力のある〝よい花〟が咲いている状態を維持するための栽培管理が重要となる。

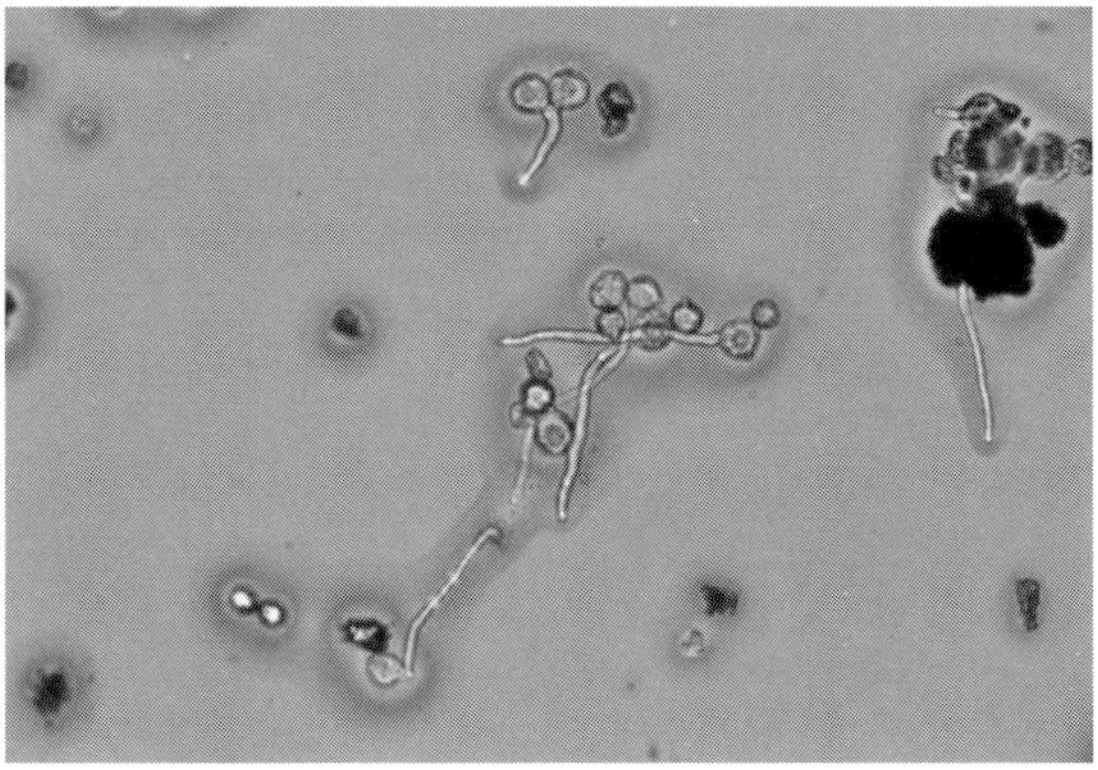

写真2－3　花粉管を伸ばすトマトの花粉

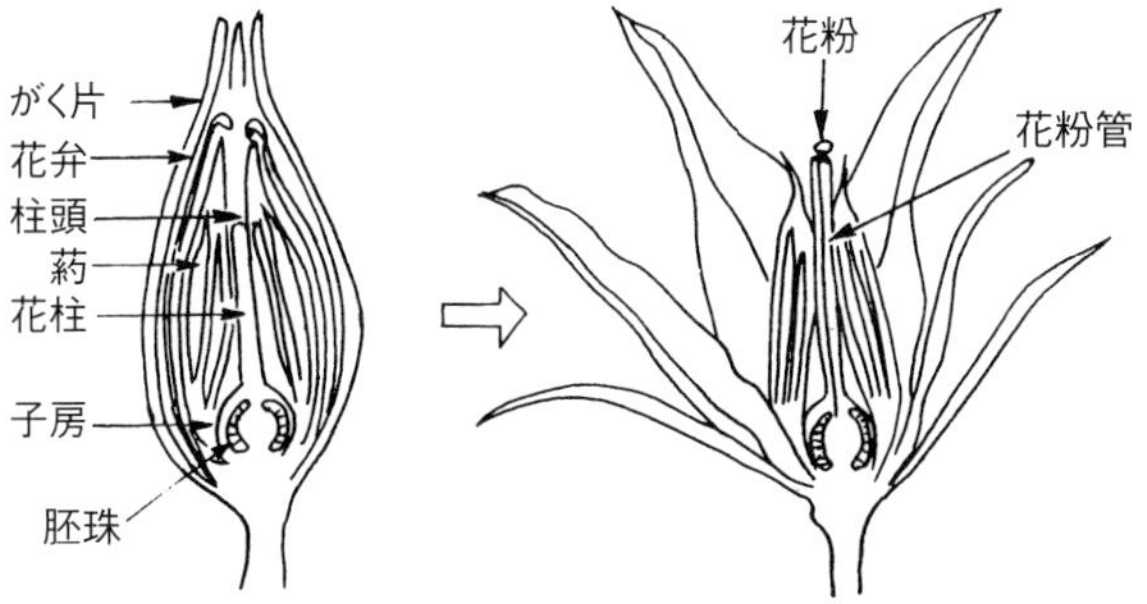

図2－1　トマトの受精　（原図：斎藤隆）

厳寒期、高温期に花のよい状態を維持せよ

　一般的にトマトの受精に必要な花粉の発芽率（もしくは稔性）が保持される目安は、1日の平均気温が厳寒期で15℃以上、酷暑期で28℃以下とされる。施設内でこれらの平均気温を確保するためのカギとなるのが夜温管理である。

　大玉トマトを例にあげると、厳寒期の夜温は実測で10℃以上を確保する必要がある。また、酷暑期では夜の最高温度が25℃を下回ることがポイントとなり、冬場の加温による最低夜温の維持と夏場の夜温上昇の抑制がマルハナバチの利用では求められる。

　マルハナバチの利用によって加温機による燃料消費が増え、かえって栽培コストを跳ね上げてしまうなど費用対効果が認められない場合には、花粉の状態がよくなる温度帯になるまでマルハナバチの利用を待つ、もしくはいったん中止するなどの判断も必要であろう（くわしくは59ページ）。

また、花のよい状態を維持するための管理温度の目安は、開花時の温度だけでなく、花芽が形成される2週間前にも意識することを忘れてはならない。今、目の前で咲いている花の花粉の量は、花芽を形成するときにすでに決定しているからである。

導入のタイミングは3段目開花以降が基本

近年では栽培面積の拡大や、栽培品目の多角化により、自家育苗しないで、購入苗を定植するケースが増えている。本来は本圃への定植は、生育旺盛で栄養生長に誘導された苗がよいとされるが、購入苗の場合にはすでに定植時には1段目の花房が開花直前に達していることが多い。定植直後の苗は根張りや株づくりに栄養が振り向けられ、1段目や2段目の花はその開花数も花粉量も安定しないことが多い。このような花の状態でマルハナバチを導入しても、マルハナバチがトマトの花に見向きもしなかったり、訪花しても着果しにくかったりするなどのトラブルの元になりやすい。

そこで、マルハナバチ導入のタイミングは、1段目の果実がピンポン玉大となって、栄養生長と生殖生長のバランスがしっかりと維持され、花の状態が安定した3段目開花以降の導入が無難である。

このように、マルハナバチを導入しても、効果のある・なしは、トマトの花もしくは花粉の状態によって決まるといっても過言ではない。作型、栽培時期やその時々のトマトの花の状態を把握しておく必要がある。

2 導入前の準備

換気部のネットは絶対必要か

外来生物は野外に放してはいけない

1992年からわが国への本格導入が始まったマルハナバチによる施設トマトの受粉。その際に持ち込まれたのは、ベルギーやオランダで商業的に大量増殖されたヨーロッパ原産のセイヨウオオマルハナバチである。

このセイヨウオオマルハナバチは、

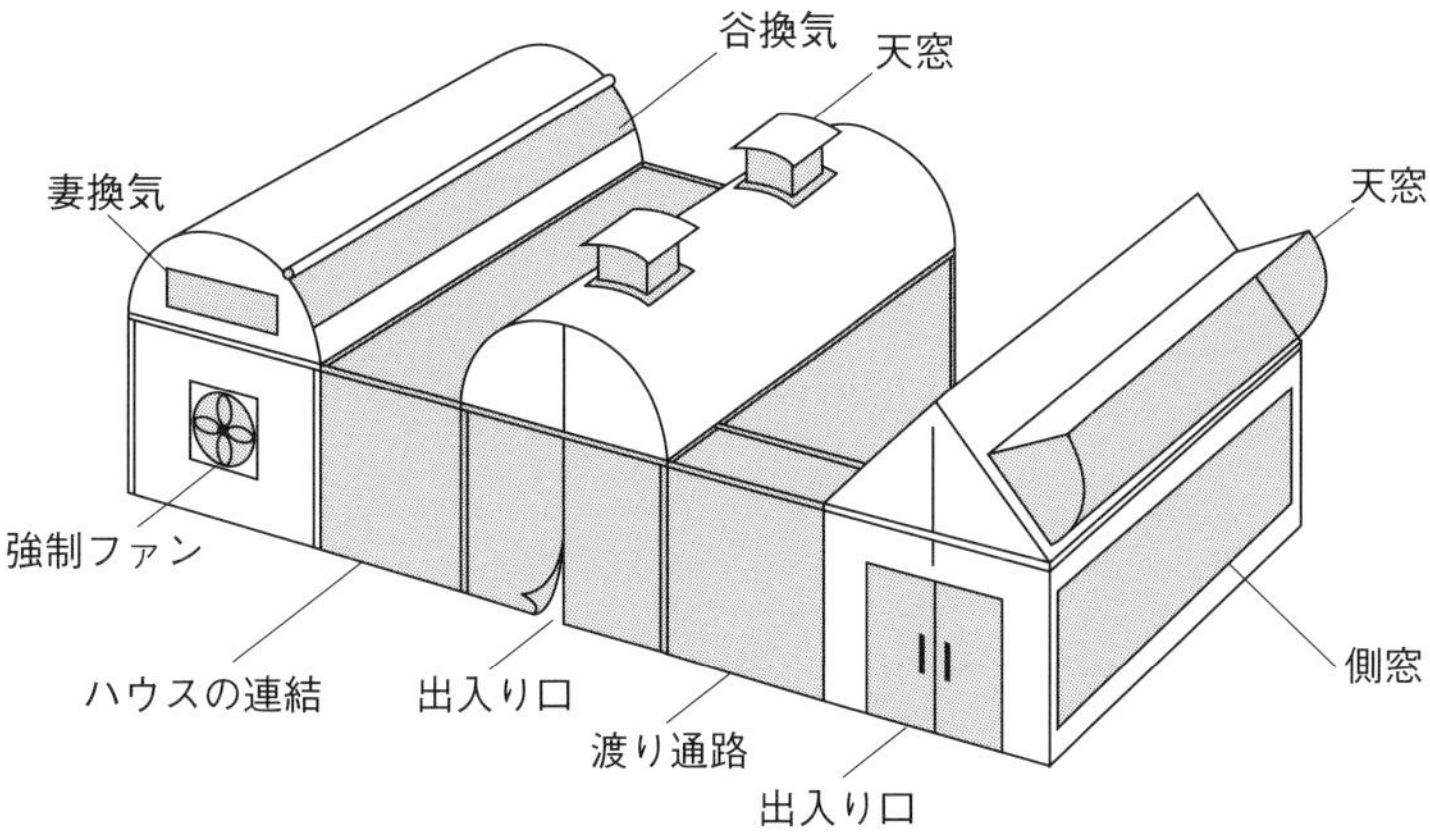

図2－2　ハウスにおけるネット展張例（マルハナバチ普及会資料より抜粋）

写真2－4　天窓のネット（上）と側窓のネット（下）に散見される穴

２００６年に施行された外来生物法が定めるところの「特定外来生物種」（33ページ）に指定されている。そのため、「生業の維持」（新たにトマト栽培を始めるのでなく、農業を続けること）を目的として使用する場合には、各地方環境事務所に許可を得る必要がある（許可については120ページ）。その際はもちろん、その後の使用においても遵守しなければならないことの一つが「逸出を防ぐための措置」である。ハウスの換気部や隙間への４㎜目合い以下のネットを展張することが義務づけられている（図２－２）。

各地方環境事務所からの許可を得て

セイヨウオオマルハナバチを継続利用している生産者であっても、標識の掲出（＝許可概要の施設への掲示）や出入り口の二重構造と併せて、展張されているネットに穴が開いていないか（写真2―4）、ビニペットが外れて隙間ができていないかなど、シーズン前に確認が必要である（「外来生物法」による規制については、第5章参照）。

鳥などの天敵に食べられてしまうことも多い

マルハナバチを使用するにはネットの展張が必須だが、その理由は外来生物法による規制の他にもいくつかある。

マルハナバチの働きバチは、一種類の花のみを選ぶことは基本的になく、保険のために複数種の花を採餌対象としていることが知られている。そのため、天窓などの換気部にネットが張られておらずハウスの外に通えるようになっていると、外の花を求めて飛散してしまい、本来受粉してほしい対象作物への訪花効率が悪くなる。

また、ネットの不備などで意外に多いトラブルが、鳥などの天敵による食害である。特に冬場は野外に鳥のエサとなる昆虫がいなくなるため、ハウス内にまで入ってきてマルハナバチを追いかけ、捕食することで訪花活動を鈍らせたり、なかにはほぼ巣が壊滅するほど食べ尽くされてしまったりする事例もあるほどだ。モズ、ハクセキレイなどのセキレイ類、ツグミ、イソヒヨドリなどがその代表例で、昆虫を好む鳥である（写真2―5）。

その他の天敵としては、働きバチを捕まえてその体液を吸汁してしまうムシヒキアブの仲間が知られる。夏秋作で聞かれる被害である。秋にはオオスズメバチによる集団攻撃にあったというまれな事例もある。また、ハウス外の農作物に訪花している際に農薬に被爆して、帰巣した個体のみならず巣内の幼虫も殺してしまい、急に活動が止まってしまったというトラブルもある。

クロマルでもネットは必須

以上のように、マルハナバチがハウス外に飛散することで引き起こされるトラブルには、①ハウス外の花への嗜好による作物の受粉率の低下、②鳥などの天敵による捕食と不活化、③露地栽培などで散布された農薬被爆による巣の崩壊などがある。

これらのリスクを回避するため、クロマルハナバチなどの在来種利用であっても、換気部にネットを展張することは重要である。

写真2－5　上段はモズとモズにより「はやにえ」された野生のオオマルハナバチ。
下段はイソヒヨドリ（左）とセグロセキレイ（右）

（左上、左下、右下撮影：小島興一）

4㎜目合いネットは物理的防除資材

なお、ハウスの換気部分にネットを展張することで風通しが悪くなることを不安視する声も聞くが、ネットはマルハナバチの飛散を防止することはもちろん、害虫の侵入抑制にも大きな効果がある。マルハナバチのハウス外への飛散を防止することが主目的であれば、4㎜目合いのネットで十分であり、この目合いなら風通しはよい。オオタバコガなどの大型鱗翅目害虫の侵入抑制にも有効である。

ネットでつないで連棟ハウスに

換気部にネットを展張するときにぜひ取り入れたい方法が、単棟ハウスの連結である。平坦な土地が確保しにくい中山間地や冬期の積雪などの事情から、独立した小規模の単棟のハウスを複数棟管理している地域では、この方法が特に有効である。

　小規模ハウスでのマルハナバチの利用では、過剰訪花による落花や奇形果が発生しやすい。過剰訪花の原因は、働きバチの個体数やコロニーの花粉要求量（巣箱の中で育っている幼虫の量に比例）に比べて、作物の花（花粉資源）が少なすぎることである。子育てに必要とする花粉を十分に集められないコロニーは、幼虫を満足に育てられないため、巣箱の利用期間も短くなる。また、複数棟管理の場合に各棟に巣箱を用意すると、利用する群数も増えるためにコスト増にもつながる。このような問題を解決する一つの例が、単棟ハウスどうしをネットでつないだ連棟ハウス化である。

　ハウス側面の窓を開け放っておける場合には、夏秋栽培においてハウスの隣接部をすべてネットでつないでしまう（写真2―6）。この方法であれば、働きバチのハウスからハウスへの移動を妨げるものがないため、連棟ハウスでの利用とほとんど変わらなくなる。連棟ハウスでも1群当たりの利用可能な面積は変わることはない（次項）。

写真2－6　ハウス側面をネットで全面連結して、連棟ハウスのようにした例

ハウスどうしは端でつなぐ

また、ハウス側面を全体的に連結できない場合には、ハウスとハウスを渡り廊下でつなぐ方法もある（図2―3、写真2―9）。大人が一人、中腰

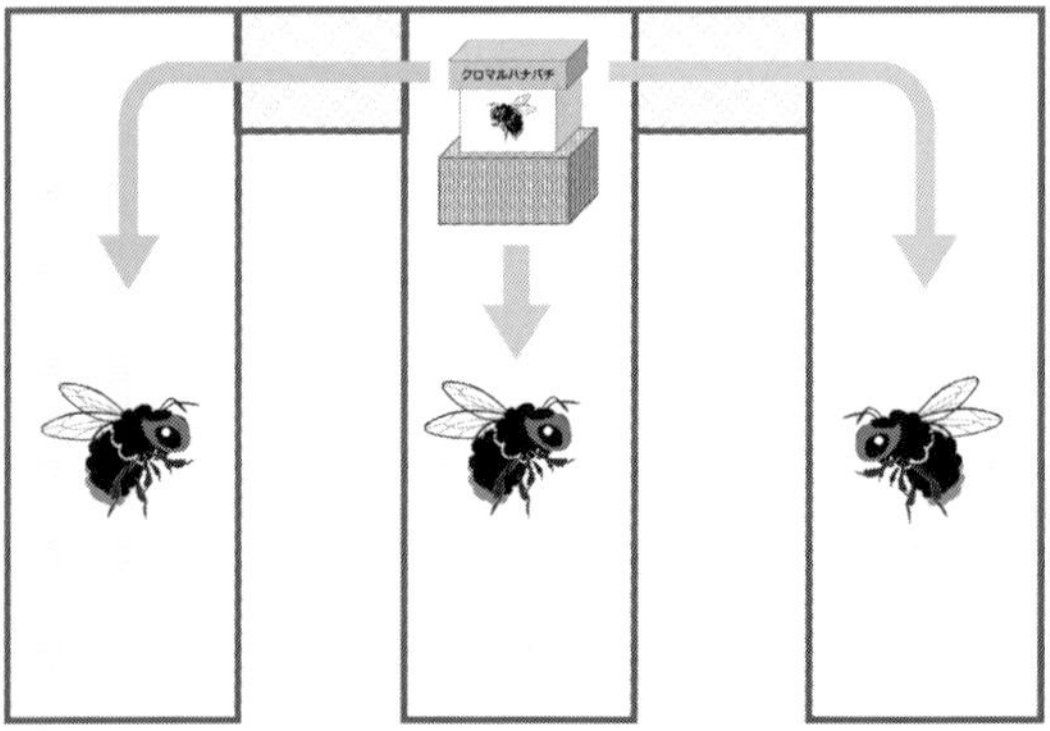

図2－3　ハウスとハウスを渡り廊下でつなぐ

コラム❷

マルハナバチの環境問題

マルハナバチの利用が始まった1992年当時は、国外の有用生物を国内に導入することの是非を審査する制度がなかったため、欧州において商業的大量増殖が実現したセイヨウオオマルハナバチの製品がそのまま日本国内にも輸入され、利用された。

しかし、1996年に北海道において、トマト施設外（野外）で営巣したセイヨウオオマルハナバチのコロニーが発見された。それ以降、セイヨウオオマルハナバチの国内への定着は進行し、①日本在来マルハナバチの生息数を減少させてしまう。②近縁な在来マルハナバチの女王と交尾し、在来マルハナバチの繁殖を妨げる（写真2―7）。③マルハナバチに寄生している外国産寄生生物がいっしょに持ち込まれる恐れがある。④訪花様式が異なることによって、日本に分布する植物の繁殖が妨げられるなど、在来生態系に悪影響を与える事例もしくは可能性が示された。

よってセイヨウオオマルハナバチは2006年に環境省が所管する特定外来生物被害防止法（略称）が定める「特定外来生物」に指定された（写真2―8、くわしくは第5章参照）。

写真2－7　在来種オオマルハナバチ（女王バチ）と外来種セイヨウオオマルハナバチ（雄バチ）の異種間交尾

写真2－8　定着した外来生物について解説する看板

セイヨウオオマルハナバチの説明も見える（ウトナイ湖野生鳥獣保護センター付近）

で歩けるほどの空間があれば、マルハナバチは渡り廊下を利用してハウスからハウスへと渡っていく。

ただしこの場合、ハウスとハウスをつなぐ場所は施設の端であることがポイントとなる。真ん中でつないでしまうと、渡り廊下の開口部にハチが気づかず、となりのハウスへ渡ってくれない。端でつないでいてもハウス間の移動が認められない場合には、渡り廊下の入り口に菜の花などハチが好みそうな花を切り花もしくは鉢植えを置いておくとよい。ハチが端を認識して移動しやすくなる。

なお、ハウスどうしをつないで利用する場合、それぞれのハウスの構造が違っても、さほど問題はない。しかし、ハウスごとに被覆資材が異なる場合には注意が必要である。

紫外線カットフィルムの棟と通常フィルムの棟を連結すると、紫外線カットフィルムの棟ではマルハナバチは活動しない。ハチには、紫外線を透過する通常のフィルムの棟はハウス内が明るく見えるが、紫外線カットフィルムの棟は暗く見え、花の識別も困難だからである。

写真２－９　ハウスとハウスを渡り廊下でつないだ例

2 導入前の準備

巣箱はいくつ、どこに置く？

巣箱の数は株数で決める

ハウスに導入する巣箱は何箱必要だろうか？　マルハナバチの資料を見ると、1巣箱当たりの利用できる目安は、面積で表示されていることが多い。

しかし、この目安はもともと定植株数や花数、つまりマルハナバチが利用できるエサ資源量に基づいて設定されている。昨今の栽培システムの多様化により、作物の単位面積当たりの定植株数は一様ではなくなってきた。また、品種によって開花数も多様化しているため、1施設当たりのマルハナバチの導入巣箱数は、栽培様式や品種特性も十分に考慮しつつ決定する（表2―2）。

表2―2　巣箱1箱（1群）当たりの受粉可能面積・株数（目安）

作物	面積（m^2）	株数（株）
大玉トマト	2,000	4,800
ミニ・中玉トマト	1,500	3,600
ナス	700	700
イチゴ	2,000	16,000
メロン	1,000	2,000

大型ハウスでは並べて置いてもよい

近年では欧米型の大型トマト栽培施設も増え、1施設の面積はヘクタール規模であることも少なくない。そのため、一つの施設内に数十群の巣箱が一度に導入されることも珍しくなくなった。複数の巣が比較的狭い範囲に混在することは自然な状態とはいいがたいが、そのことが訪花活動に負の影響を与えることはない。

近年の研究では、自然条件下の巣でも、血縁関係のない他巣の働きバチがごちゃ混ぜになって生活していることが確認されている。

この他、巣の働きバチが別の巣に入り込んで生活していることを「ドリフト」と呼ぶが、複数の巣箱が同じ施設内で利用されている場合には、このドリフトがひんぱんに起きていると考えてよい。特に巣箱を並べて置く場合には、より高い頻度でドリフトが起こる。

ドリフトは働きバチの行き来が均等であればよいが、多くの場合、働きバチの偏りが見られる。ドリフトにより働きバチが増えた巣は活動がより活発になり、エサ資源の供給量が増えるため、育てる幼虫数も増えて利用期間も長くなる傾向が見られる。だが、働きバチを取られてしまった巣では、幼虫を育てられず、利用期間が短くなる。

複数の巣箱を一つの単位として考え、結果として対象作物の受粉が十分に行なわれていればよいと割り切った利用方法ができるのであれば、巣箱を重ねたり、並べて利用したりすることも可能である（写真2―10）。しかし、1群、1群の活動状況や巣の発達が気になる場合には、巣箱どうしはできるだけ離して設置するほうがよい（ドリフトについてくわしくは76ページ)。

ハチにも人間にも見つけやすい場所に置く

国内の一般的なトマト栽培施設では、一度に大量の巣箱を導入するのではなく、1~2群程度の巣箱を導入して更新していくことが多い。導入したマルハナバチの活動を大きく左右する要因の一つは、巣箱の設置場所やその置き方である。また長年使用していると、いちばん手を抜いてしまいやすいのも、巣箱の置き方であることが多い。マルハナバチは巣を生活の基本単位として集団で生活する社会性昆虫である。彼らは幼虫や蛹などの蜂児を温めたり、ごみを排泄する場所も決めたりして、巣を快適に保つために高い恒常性を進化させてきた。その巣が入る巣箱の周辺環境は、ハウス内でもよりよい場所を提供してあげる必要がある。そのためにも、マルハナバチの巣箱は、活動するハチにとって巣箱の場所が確認しやすく、利用する人間にとっても管理のしやすい、視認性のよい場所に置く。

訪花活動のために勢いよく飛び立とうとする働きバチや、重い花粉団子を最短距離で持ち帰ろうとする働きバチにとって、施設の柱などの障害物が巣門正面にあることは出入りを妨げ、訪花活動を鈍らせる原因になりかねない。また、生産者が花粉の給餌や巣門開閉などの管理をすることから考えても、施設の入り口から遠く奥まった場所や、巣箱がどこにあるのか見えにくいような入り組んだ場所への設置は避ける。

写真2－10　大型トマト施設で並べて管理されている巣箱

巣門の向きにこだわる必要はない

イチゴやメロンなどの受粉に利用されるミツバチでは、一般的に巣門を南から東に向けることが指導されている(ミツバチは日が当たって気温が上昇しないと活動できないためだと考えられる)。マルハナバチでも同様のアドバイスがなされ、そのためにマルハナバチの巣門が壁ぎわを向いているなど、不適切な場所に置かれているケースが見られる。しかしマルハナバチの場合、巣門を南もしくは東に向けることを厳守する必要はない。

すでに述べたように、マルハナバチの巣箱を設置する際には、①巣門正面に障害物がなく視認性のよい場所、②温・湿度変化の少ない安定した場所、③振動によるストレスのない場所を選ぶ。

CO_2施用している場合は巣箱は高い位置に置く

巣箱を置く場所が決まれば、次は設置方法である。一般的には収穫コンテナなどを裏返して、その上に巣箱が置かれている光景を目にすることが多い。巣箱を置く台については水平に保つことができれば、難しく考えることはない。ただし、巣箱を設置する高さには注意が必要である。

通常は収穫コンテナ一つ分（約30cm）の高さで問題ないが、CO_2施用している場合には問題となることがある。特に冬期にCO_2を早朝から施用している場合や、1000ppm以上の高濃度で施用している施設では、巣箱を設置する高さは人の腰と同等かそれ以上の高さに置く（写真2―11）。CO_2は空気よりも重いため下に沈みやすい。このため、巣箱の設置場所が低く、高濃度のCO_2にさらされる機会が増えると、幼虫の発育が阻害されたりする。影響が大きい場合には働きバチが死ぬことさえある。

つらいのは冬よりも夏、涼しい場所を選ぶ

マルハナバチは冷涼な気候に適応するために巣内を31～32℃で保温している（図2―4）。前述のように、マルハナバチは自身が持つ高い恒常性によって巣の中の温度を安定的に保つことができる。このためマルハナバチを厳寒期に利用する場合でも、マルハナ

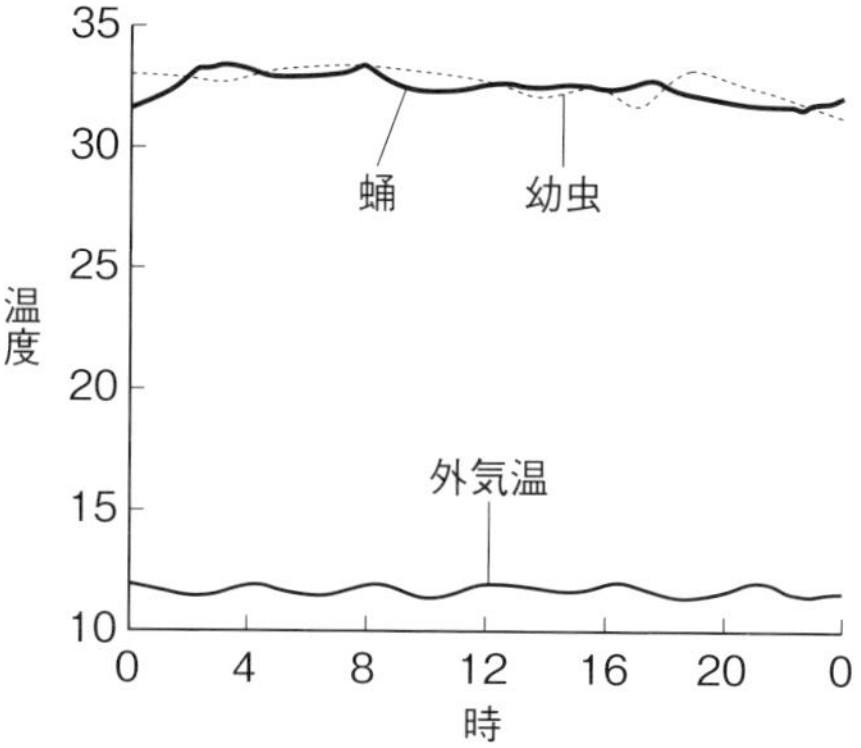

図2－4　マルハナバチの巣内温度

蛹や幼虫のいる場所の温度

写真2－11　CO_2対策のため、高く設置された巣箱

写真はイチゴのハウス

バチが寒くないようにと巣箱を暖房機のそばに置く必要はない（むしろ暖房機の振動がストレスになるので、暖房機や循環扇などの動作による振動が巣箱に伝わるような場所には置かないほうがよい）。

反対に、巣の冷却能力が低いマルハナバチにとって留意すべきなのは、夏秋栽培などの酷暑期である。

夏は風通りのよい涼しい場所が理想ではあるが、いっぽうで、温度変化が激しい場所は避けるべきであろう。自然環境下でのマルハナバチの巣は地中の空洞に作られる。地中の空洞は外気の影響を受けにくく、温湿度の変化が少ない安定した環境である。たとえば、連棟施設の谷下などは、換気時の急な外気の流入による温度の変化、雨や結露などの滴りによる湿度の変化が激しく、巣箱を置く場所として適しているとはいいづらい。

これらのことを考慮すると、マルハナバチの巣箱は、作期を問わず温・湿度の変化が少ない場所に設置されるべきであろう。

年間を通して日よけは必須

マルハナバチは巣内温度を保つ能力が高いので、適正に加温されているトマト施設では特別な低温対策をする必要はないが、日中の施設内温度が40℃を超えるような酷暑期では工夫が必要である。いっぽうで、年間を通して実施したほうがよいのは、日よけである。

マルハナバチの巣が本来、地中の空洞にあることは前述のとおりである。マルハナバチの製品巣箱は優れた通気性を備えているが、残念ながら保温性は高くない。直射日光が強く当たる場合には、マルハナバチでも巣箱内の温度を一定に維持することは難しくなる。温度変化を少なくするためには、必ず日よけを施して、直射日光が巣箱に当たらないようにする（写真2―12）。

暑いと巣が溶け、寿命が短くなる

野生のマルハナバチが巣を作る場所は、主に土の中である。土の中は一日の中での温度変化が空気中より少なく安定しており、地上（空気中）の温度が30℃でも、地下の50cm付近は26℃程度に保たれている。高温期でも土の中は涼しくて快適な場所といえる。マルハナバチはこの巣の中も31～32℃程度に一定に保つことができ、たとえ促成栽培でも夏秋栽培でも、周辺環境の変化を受けにくいように働きバチが温度調整をしている。寒ければ働きバチが発熱して巣内を温め、暑ければ翅を羽ばたかせ（旋風して）風を送って幼虫を冷やし、巣の中を快適な温度に維持

写真２－12　簡便な日よけの作成例

ホームセンターで販売されている寒冷紗やビニタイ、収穫コンテナを利用した日よけのある設置台。1,000円もかからず簡単にできる工夫

写真２－13　翅を羽ばたかせる（旋風）行動をして巣内を冷やす働きバチ

（撮影：浅田真一）

している（写真２―13）。

日中の最も温度が高い時間帯に、巣門の周辺にハチが集まって翅を羽ばたかせていたり、巣箱に耳を近づけると「ブーン」と羽音が聞こえたりする様子は、まさに巣内を冷やすための旋風行動である（写真２―14）。

しかし、冷涼な気候に適応したマルハナバチにとって巣を「温める」ことは容易でも、「冷やす」ことはじつは得意とはいえない。

　では、巣をきちんと冷やすことができなければ何が起こるのか。それはマルハナバチの巣がロウで作られていることと関係する。このロウはわれわれの知るロウソクのロウよりも融解温度が低く、施設内の温度が35℃を超えて巣箱に直射日光が当たるような状況では数時間で溶け、巣材で覆われていたはずの幼虫がむき出しになってしまう（写真2―15）。このような幼虫は見捨てられ、育てられることはない。幼虫が減少した巣は、幼虫のエサである花粉の要求度も減ることになる。花粉を必要としない巣は、訪花活動の意義を失い、施設内での受粉活動が弱まる。そして、育てる幼虫の個体数が少ない巣は短い期間でその終焉を迎えてしまう。

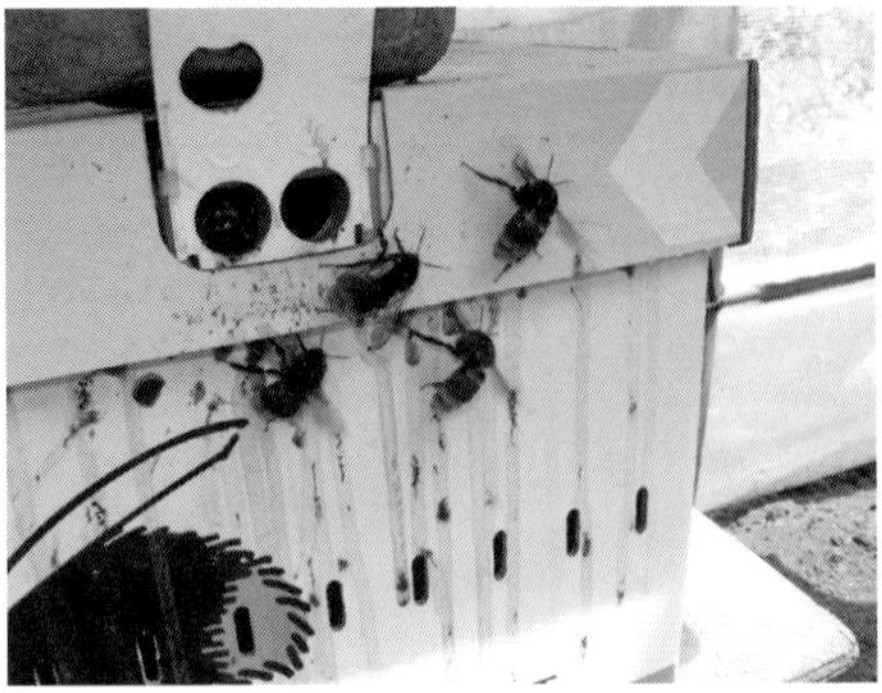
写真2－14　巣門の前で旋風する働きバチ

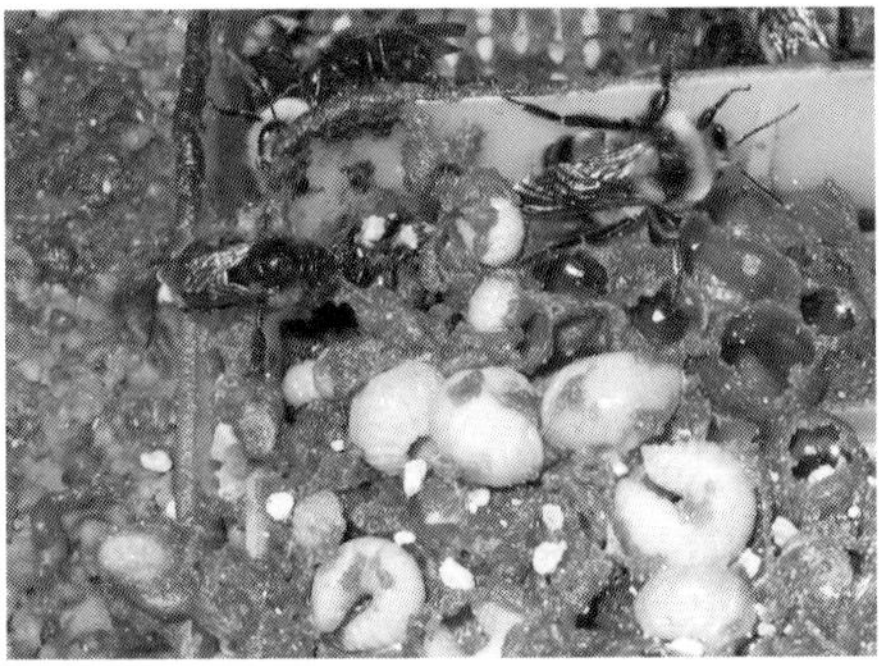
写真2－15　35℃の高温下に3時間放置した巣　（撮影：神戸裕哉）
ロウが溶けて幼虫がむき出し

巣箱を涼しく保つ対策

　夏秋トマト栽培が盛んに行なわれている中山間地では、巣箱を涼しく保つ設置方法がさまざまに実践されている（写真2―16）。

　巣箱を設置する場所は、とにかく直射日光が当たらない、風通しのよい場所にすることである。夏秋栽培では、遮光ネットを展張したり、遮光剤を塗布したりしてハウス内温度の上昇を抑えているが、ヒートポンプや細霧冷房などの設備がない限り、酷暑期における日中のハウス内温度が35℃以上に上昇してしまうことは珍しいことではない。そのため、マルハナバチの巣箱は、直射日光による巣内温度の上昇を避けるためにしっかりと日よけすることが重要である。

写真２－16　夏秋栽培における暑さ対策を施した巣箱設置方法の例

左上：簾と黒寒冷紗で日よけ、風通しのよい出入り口付近に設置
右上：風通しのよいネットで作られたハウスどうしの渡り廊下に十分な日よけをして設置
左下：地面に埋めた衣装ケースの中に巣箱を設置
右下：マルハナバチ専用の恒温箱を利用

土耕栽培では、ホームセンターなどで販売されているベランダコンテナなどを埋め込んだ「地下埋設法」が酷暑を避ける手段として有効である。また、マルハナバチ専用に販売されている恒温箱などを利用することも有効な方法の一つである。

巣箱に振動が伝わる場所には置かない

暑さ以外にも、マルハナバチの巣が苦手なものがある。それは振動である。

利用経験が長い生産者は経験があると思うが、マルハナバチは巣箱に振動があるといっせいに翅をふるわせて、「ザーッ」と大きな音を出す。この行動は、外敵に対する威嚇の意味を持つものと思われる。つまり、巣に振動が伝わると、鳥などの外敵が襲来したと判断してしまう。このような振動がひんぱんに巣に及ぼされると、マルハナバチにストレスがかかり、働きバチが巣から出てこなかったり、逆に門番が攻撃的になったりすることがある。

たとえば、巣箱の設置台を固定する支柱に循環扇が備え付けられているとか、暖房機の上に巣箱が置いてあるなど、振動が巣箱に伝わりやすい場所での設置は避けたい。極端な例ではあるが、線路沿いのハウスで、電車が通るたびに巣に大きな振動が伝わり、活動しなかった事例などもある。

3 導入後の管理

導入直後のおさえどころ

綿の上に働きバチがたくさん出ていたら要注意

巣箱が届いたら、まず巣箱内でハチが大量に死んでいないかを確認する。ごくまれにだが、運送中のトラブルによる「死着」が報告されることもある。この場合には、販売元に連絡して代替などの対処を依頼する必要があるが、基本的には健全なコロニーが届く。

手元に届いた巣箱の中をのぞくと、どのメーカーのものであっても、まず白い綿が目に入る。生産者の中には、その白い綿の上に働きバチがたくさん出ていることを巣が活発かどうかの指標にしている例が見られるが、必ずしもそれは正解ではない。むしろ、働きバチが綿の上にあまりにもたくさん出て騒いでいるように見える場合には、運送の振動などの理由によりパニックになっている可能性が高い。

いっぽうで、やはり振動のストレスなどにより、綿の下で萎縮しているケースもある。

そのため、到着直後の巣箱をのぞいて、「ハチが多い、少ない」「巣が大きい、小さい」などの判断はすべきではなく、到着後は速やかに施設内の設置場所に静置して、コロニーが落ち着くのを待つ。

到着後すぐに巣門を開けるのはご法度

大きな振動を受けながら配達されるコロニーは、大きなストレスを受けてパニックになっている。到着した巣箱の巣門をすぐに開けるのは失敗のもとである。

コロニーが落ち着くのを待ってから巣門を開放すると、働きバチたちが飛び出す際に頭を巣門に向けて、自分たちの巣の位置を確認しながら、飛行する範囲をゆっくりと旋回するようにして飛ぶ姿を確認することができる。これを、学習飛行もしくは、オリエンテーションフライトと呼ぶ（写真2－17）。少しずつ巣箱の場所を認識しながら飛ぶ距離を延ばし、ハウスの天井に当たると、今度はハウスの天井に沿って横に移動していきながらハウス全体の空間を認識していく。

このオリエンテーションフライトを行なわないと、ハウスの中にある巣の場所を記憶できないため、ハチは胃の中の蜜がなくなっても巣に戻ることができない。翌朝にはハウス内のあちらこちらで働きバチが死んでいるというトラブルになりかねない。

巣箱が到着したら、巣門は必ず半日以上落ち着かせてから開放するようにする。

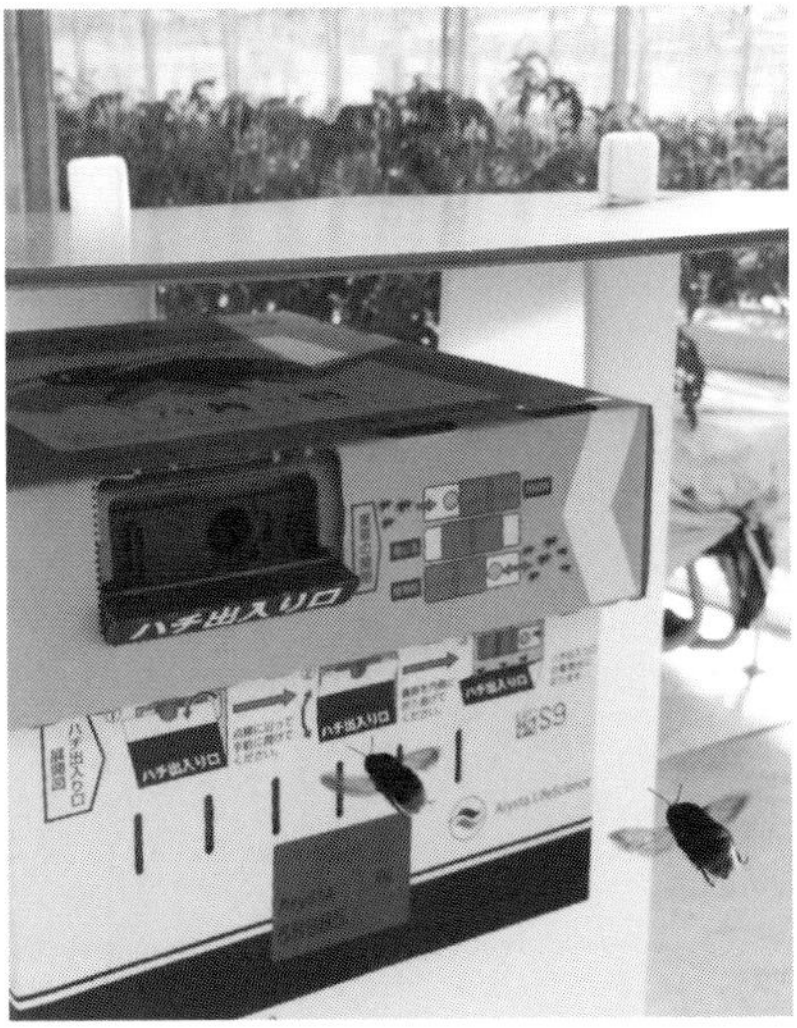

写真2－17　頭を巣門に向けてオリエンテーションフライトをするクロマルハナバチの働きバチ

また、オリエンテーションフライトを行なっている間に日が暮れてしまうと、暗くなって飛べなくなった働きバチが巣に戻れずに餓死してしまうため、巣門を初めて開けるときには、午前中に開けるようにするとよい。

花粉を与えるとコロニーが落ち着く？

巣箱を少しでも早く落ち着かせるために、製品巣箱に添付されている乾燥花粉を到着した巣箱に給餌する話を耳にすることがある。しかし、乾燥花粉を与えるとパニック状態になっているコロニーが落ち着くという科学的な根拠は特にない。

ただ、運ばれている最中に予備的に給餌されていた花粉がなくなった状態が続くのは好ましいことではないため、乾燥花粉を給餌することがコロニーにとって不利益をもたらすことはないと考えられる。

また、導入する予定日よりも早く製品巣箱を入手して、ハウスに導入する前に十分な花粉を与えながらコロニーの発達を促すという事例も聞かれる。コロニーの発達はハウス導入後の活発な受粉活動や巣箱の利用期間の延長につながることが期待できるため、理にかなった事例といえる。

「ハチは翌日から仕事する」は間違い

巣箱を置く場所は、①巣門の前に柱などの障害物がなく、視認性のよい場所を選ぶ、②雨滴が落ちることなどによって湿度や温度の変化が激しい場所は避ける、③直射日光が当たらないよう日よけをすることに配慮した場所に設置するのが望ましい。コロニーが落ち着いた状態で巣門を開放された働きバチは、十分にオリエンテーションフライトを行ない、やがて花を訪れるようになる。

この一連の学習行動にかかる期間はまちまちである。巣門を開放して数時間後には花を訪れるようになる個体もいれば、数日間を要する個体もいる。

クロマルもセイヨウと同じように働く

調査結果によれば、セイヨウオオマルハナバチでも、在来種のクロマルハナバチでも、巣門を開放してから1~2日後には約50%の巣が、3~4日後には約90%の巣が活動を開始している（図2―5）。

ただし、輸送中や環境の変化によるストレスが強くかかったコロニーでは、オリエンテーションフライトや訪花、受粉活動を行なうまでに1週間以上かかることもある。このような場合には、指導機関や販売者などに相談して、利用条件を確認したり、巣箱を交換するなどの問題改善をする。

なお、「巣門の開放は晴れた日がよい」と考えている生産者も

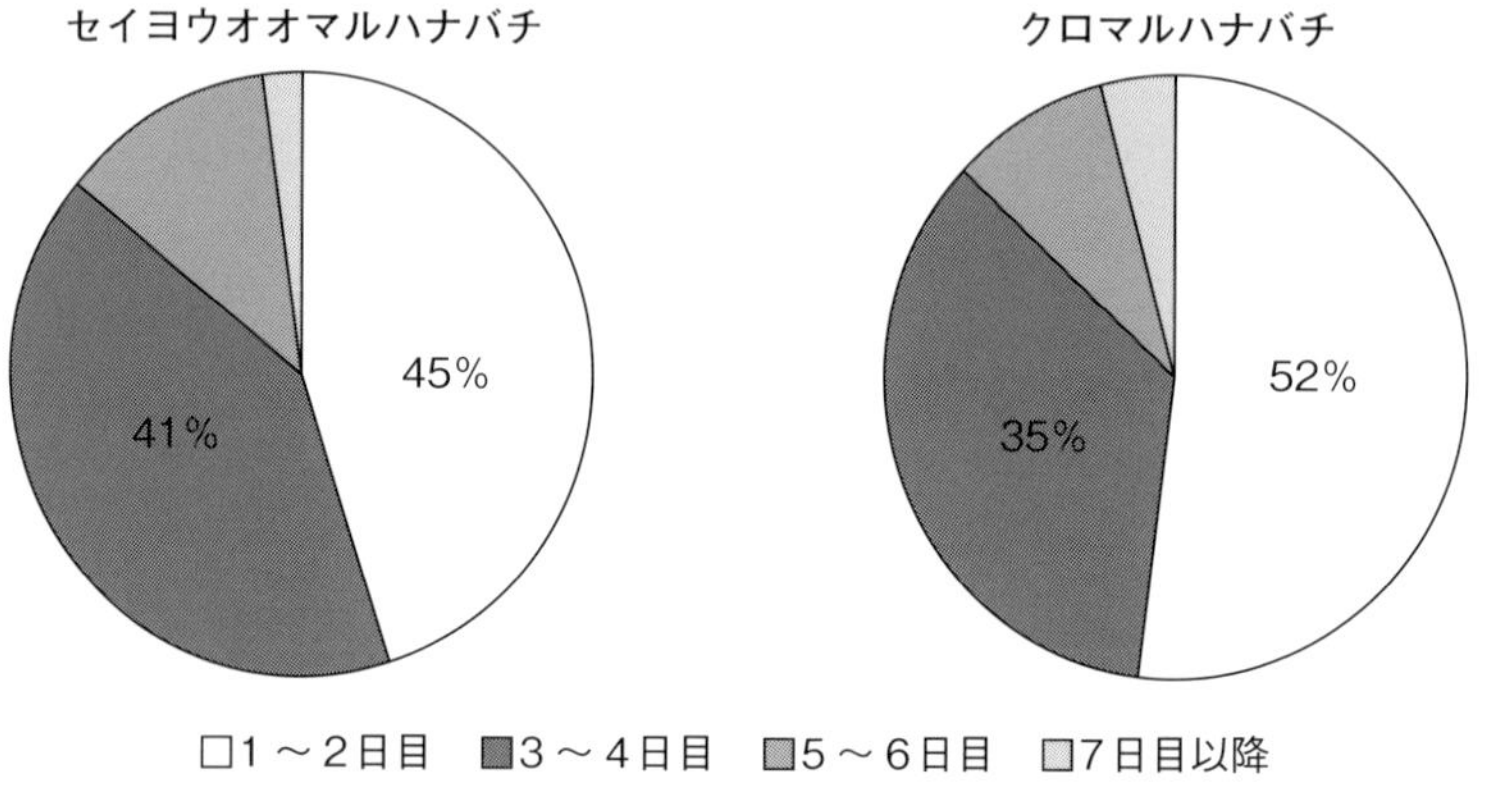

図2－5　マルハナバチ2種における巣門開放後の活動開始日数
巣門を開放してから、訪花活動を開始するまでの日数に種間差はない

いるが、曇天や小雨程度でも問題はない。ただし、彼らは気圧の変化にも敏感なので、台風などの低気圧の通過前後では巣箱から出てこないこともある。そのようなタイミングに当たってしまった場合には、いつもよりも活動を開始するまでの日数に猶予を持つようにする。

また、後述の紫外線カットフィルムを展張しているハウスでは、マルハナバチが施設や作物の花を認識して活動を始めるまでに1週間以上かかることもあるので、事前に認識しておく必要がある。

育苗期や定植時の農薬も活動開始を遅らせる

別章でも述べるが、化学農薬の残効によるマルハナバチの活動阻害については、十分な配慮が必要である。

マルハナバチをハウスに導入している最中は、花の開花寿命の関係もあり、残効期間の長い農薬を散布することはないであろう。しかし、盲点なのが、育苗期に散布された農薬や、定植時の植え穴処理で利用される粒剤の残効である。

マルハナバチを導入するまでに多少の期間があるとはいえ、ネオニコチノイド系の農薬には残効が2〜3カ月近く残るものもあり、導入初期のマルハナバチの飛び出しの悪さの原因になっていることも少なくない（ひどい場合には死ぬ）。

特に、定植からマルハナバチを導入するまでに30日以下の猶予しかないスケジュールであれば、作物にもよるが、マルハナバチ製品に添付されている「マルハナバチへの農薬影響表」の中でも残効日数の短いものを選ぶようにする。植え穴処理ならばアセタピプリド粒剤、もしくはクロラントラニリプロール水和剤の灌注処理などである。

「ハチたちは初めて空を飛ぶ」ことを忘れないで

ハウス内に導入されたマルハナバチの巣やその中で生きるハチたちは、劇的な環境の変化に対応しなければならない。

マルハナバチの商業的な生産は、完全に閉鎖された工場の中で行なわれる。同じように花粉交配に利用されるミツバチの場合は、野山に巣箱を並べて放し飼いにされているが、マルハナバチは温度、湿度が一定にコントロールされた部屋の棚の上に整然と大量の巣箱が並べられ、人の手によって蜜の代わりとなる砂糖溶液と花粉を与えられて増殖されている。すなわち、巣の中にいるハチたちは生産者の圃場に導入されると、巣の出入り口を開放されたときに初めて広い空間を飛び、花を経験することになる。同時に、ハウス内の温度や湿度など、巣を取り囲む環境の変化にも対応しなければならない。

マルハナバチをうまく使いこなすためには、ハウスの中でマルハナバチが快適に活動し、巣を維持できるような環境を提供することがコツになる。

巣の入り口がふさがれていてもあわてない

マルハナバチは活動中に巣門を綿やロウで狭めることがある。正確な理由は定かではないが、マルハナバチの巣門には「門番」と呼ばれる個体がいる。巣箱内になんらかの危害が及ぶと思われたとき、おそらくこの門番が巣門を狭め、巣を守りやすくしていると推測される（108ページ）。

では、その危害とは何か。それは、鳥などの天敵の存在、他の巣の働きバチによるドリフト（76ページ）、あるいは風の流入、直射日光、化学合成農薬のにおいや残効などが考えられる。

多くの場合は、巣門を完全にふさいでしまっているケースは少なく、働きバチが1頭ぎりぎり通り抜けることができるくらいの穴が開いていることが多い。巣門がふさがれているように見えたときには、まず確認すべきはバイトマークである。活動の証拠であるバイトマークがトマトの花に確認できれば、働きバチは巣門から出入りできている証拠となる。

また、巣門を狭めてはないが、巣を包んでいる綿を巣箱の外に引っ張り出して捨てることがある。これは巣の発達に合わせて綿を排出して空間を広げるためか、もしくは巣内の温度を下げるために不要な綿を捨てているかのどちらかが推測される。

コラム③ マルハナバチの天敵

マルハナバチはハナバチとしてはミツバチなどに比べると体も大型で、羽音なども大きいため、一般の人はマルハナバチが近づくと身をこわばらせてしまう。しかし、性質は非常に温和であり、巣箱を開けて巣に何か刺激を与えたり、ハチ自体を直接握ったりしてしまうようなことがなければ刺されることは少ない。マルハナバチが飛び回るハウスの中で農業者が一緒に作業できるほどだから当然といえば当然だが、それゆえに天敵には襲われやす

写真2－18　トマトハウス内で交尾するムシヒキアブ（左上）、モモのハウスでマルハナバチをくわえるヒヨドリ（左下）、パッションフルーツに訪花したマルハナバチを捕まえて食べるオオカマキリ（右）

い。

本文中にもマルハナバチの天敵として、モズやセキレイ類の昆虫食の鳥を例としてあげたが、それ以外にもマルハナバチの天敵は存在する。同じ昆虫類では、ムシヒキアブ、カマキリやスズメバチなどが例としてあげられる（写真2―18）。施設内でマルハナバチがスズメバチに襲われることは少ないが、堆肥から発生するムシヒキアブによる被害は報告事例も多い。

鳥類や昆虫類は一個体一個体を食害していくのみだが、哺乳類となるとその被害は巣まるごとになる。その極めつけがツキノワグマで、群馬や岐阜の山間地における夏秋栽培では、ハウスから巣箱を持ち出し、巣箱を開けて中の巣を丸ごと食害した事例もある。ツキノワグマは地域性が高いとしても、ハクビシンやタヌキなどが中身をねらって巣箱を破損するケースもある。

いずれにせよ、これらの行動は、マルハナバチが営巣活動を恒常的に維持するために行なっているものであり、狭くなった巣門をわれわれ人間がたとえ壊して拡張しても、排出された綿を巣の中に戻しても、また同じ行動をくり返すのみである。

よって、バイトマークを確認して、働きバチの正常な訪花活動が確認されれば、狭められた巣門や、引き出された綿はそのままにしておくほうがよい。

3 導入後の管理

活動のよしあしはどう確かめる？

活動している働きバチの数は変化する

ハウスに導入した巣箱から働きバチが勢いよく飛び出し、ハチが飛び回る様子が見られると安心するものである。ただし、マルハナバチの働きバチの中で、花を訪れ、蜜や花粉を集める活動を行なういわゆる外勤蜂は、巣内の働きバチの中の10～20％といわれている（残りは巣の掃除や育児などをしている）。特に導入初期に巣箱から飛び出し、活動を始める個体数はバラツキが多く、1～3頭のこともあれば、10頭以上のこともある（図2―6）。したがってハチが飛んでいる、飛んでいないだけで活動を判断するには難しい面がある。なお、セイヨウオオマルハナバチとクロマルハナバチで、巣門開放初期の飛び出し個体数に差はない。

また、トマト、ミニトマト圃場におけるマルハナバチの活動は午前中に偏る傾向がある（図2―7）。だが、確認する時間帯によっては働きバチの活性が低く、活動の状態を見誤る可能性がある。活動のよしあしは後述するバイトマークで確認する。

ハチが飛んでいても訪花していないこともある

圃場内でマルハナバチの活動をじっくりと観察することはなかなか難しい。トマトの管理作業をしながら、マルハナバチの働きバチを追いかけて、訪花していることを毎日のように確認する余裕などないだろう。たとえマルハナバチが圃場の中を飛んでいることを確認できたとしても、トマトの花を訪れていないケースもある。

典型的な例として、一つは巣箱もし

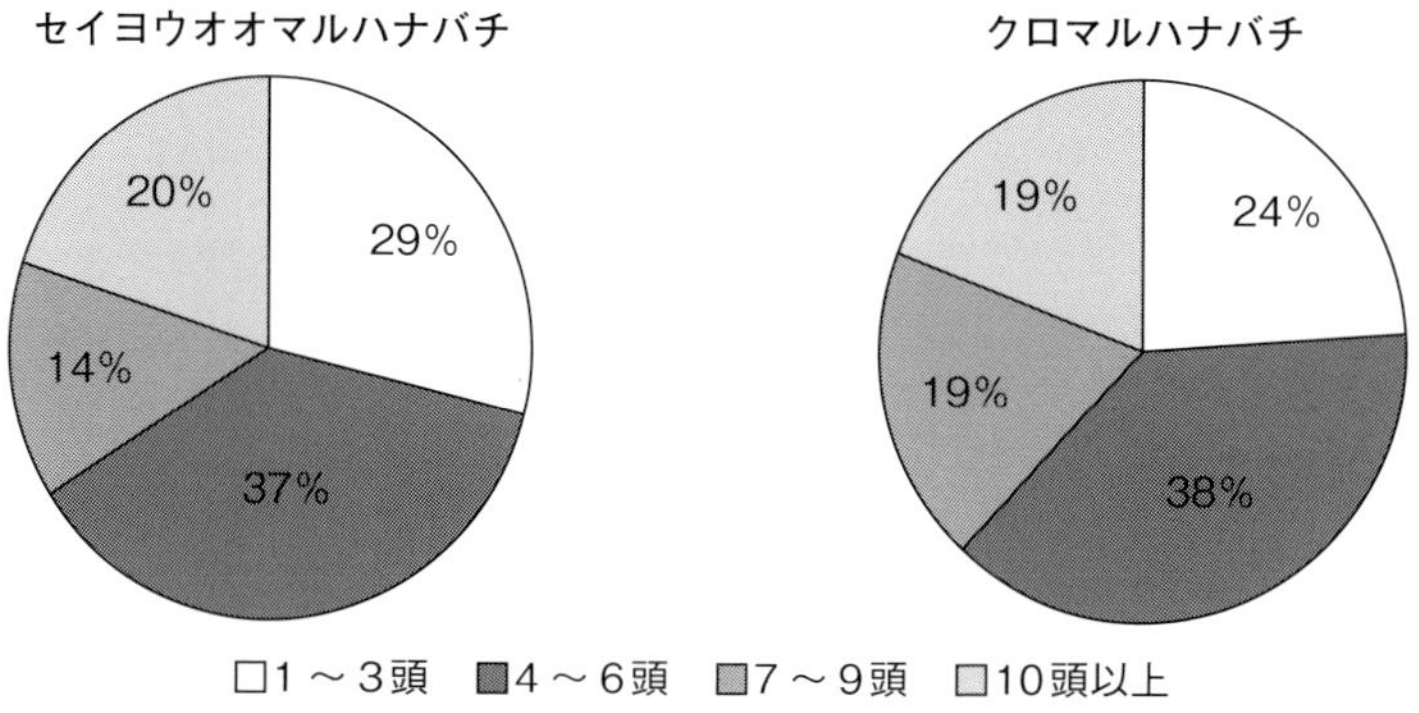

図2－6　マルハナバチ2種における巣門開放後の飛び出し個体数

巣門を開放して間もない初期に訪花活動を開始するまでの個体数にも種間差はない

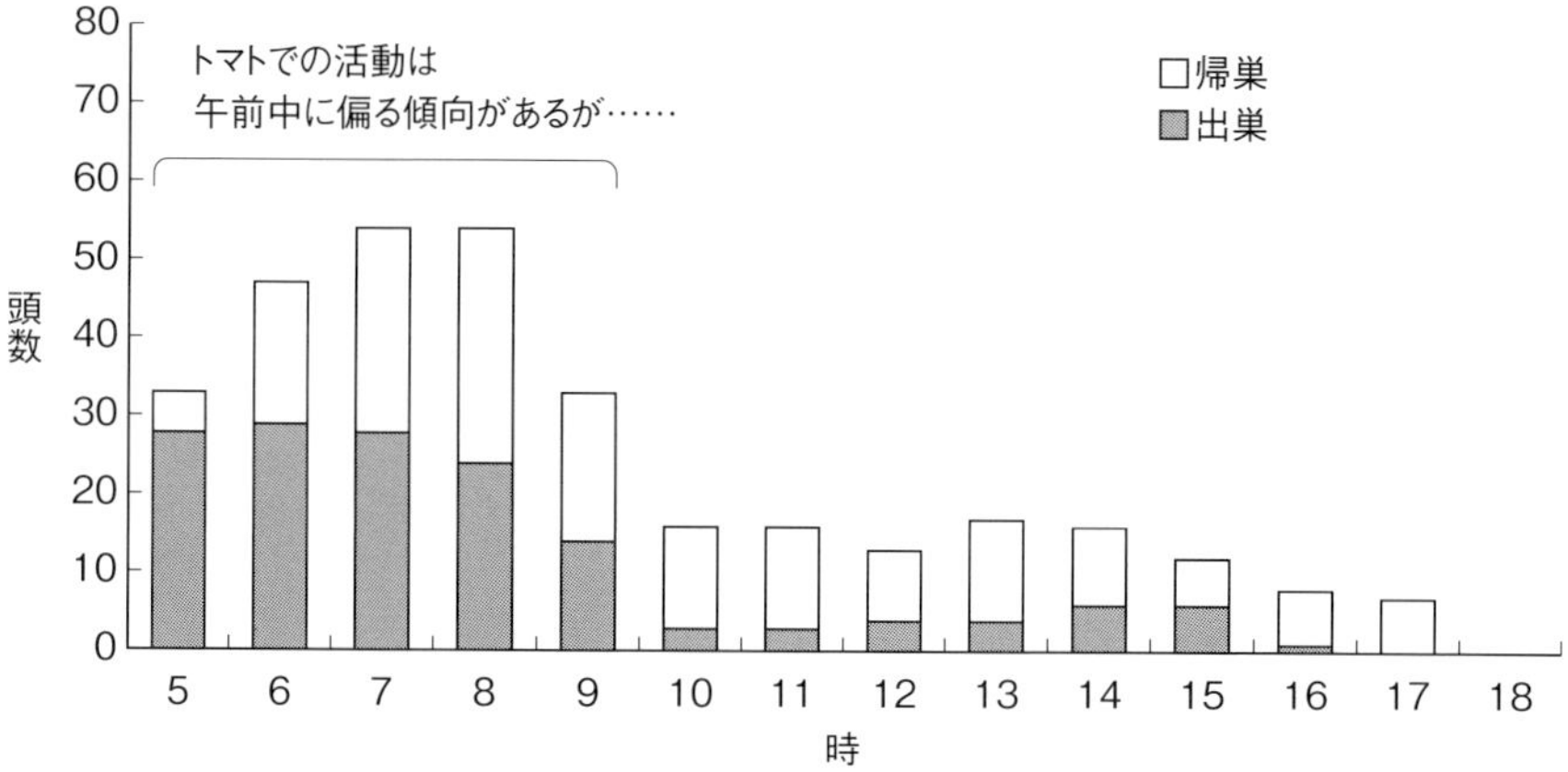

図2－7　トマト圃場での働きバチの巣の出入りにおける経時変化

2008年4月30日（晴）、最低気温11.7℃～最高気温33.9℃

くは巣内の蜜切れの時。トマトの花は蜜を出さないため、蜜切れの場合には、花粉しか得られないトマトの花に訪れることはない（くわしくは54ページ）。

もう一つは雄バチが飛んでいる場合である。マルハナバチのオスは蜜のないトマトの花を訪れることはないので、ハチが飛んでいるからといって安心していると、じつは雄バチで、トマトの花にはバイトマークがついておらず（＝訪花していない）、受粉されていないというトラブルになりかねない。

これは、働きバチも雄バチも同じ体色のために一見しただけでは雌雄の判別がつかないセイヨウオオマルハナバチの場合にあてはまる。クロマルハナバチは、女王バチと働きバチが「体が黒、お尻がオレンジ」に対し、雄バチは「体全体が黒と黄の縞模様」と違うので、雄バチが飛んでいることがわかり、訪花を見誤ることにはなりにくい。

写真2－19　ミニトマトの花に訪花して大アゴで葯にかみついて花粉を集めるクロマルハナバチ

翅がぶれて見えるのは筋肉をふるわせている証拠

必ずバイトマークで確認するクセをつける

トマト、ミニトマトでマルハナバチを利用する場合、幸いなことに働きバチは必ず活動の痕跡を残してくれる。

それは一般的にバイトマーク（かみ跡）と呼ばれ、トマトの葯の部分に刻まれる、マルハナバチが花粉を集めようとして体を固定するために大アゴで葯にかみついた跡である（写真2―19）。かみ跡は組織が傷つき、褐変することで、葯にははっきりとバイトマークが残る（写真2―20）。

写真2－20　トマトの葯にはっきりと残るバイトマーク

（カラー口絵（2）ページ）

トマトの花は下向きに咲き、葯が突出した特殊な構造をしている。そのため、花粉を集める際に、マルハナバチはトマトに訪花すると大アゴで葯にかみつき、体を固定させたうえで振動採粉を行なう。マルハナバチのトマト圃場での活動は、このバイトマークの有無を確認すれば、わざわざ働きバチの後をついて歩かなくとも、訪花を容易に確認することができる。

慣れてくればバイトマークのつき方や、その割合などでマルハナバチの巣の状態まで把握できる（くわしくは次ページ）。バイトマークはマルハナバチの圃場内での活動のバロメーターといっても過言ではない。

バイトマークは濃さより その割合を見よ

バイトマークの確認において最も重要なことは、ハウス内全体に約80〜90％の割合でまんべんなくバイトマークがついていることである。

なぜ100％でないかといえば、開花当日（開花開始から0日）の花は、葯が裂開（開葯）していないため、マルハナバチが訪花しないからである。そのため開花後1日経過した花、つまり開花2日目以降の花にバイトマークがついていればよく、花房の中で開花している花のうち、当日開花した先端の花以外にバイトマークがついていることを目指す（カラー口絵⑵ページ）。

この際、個々についている花のバイトマークの濃さは優先事項ではない。あくまでも、ハウス全体の開花2日目以降の花にまんべんなくバイトマークが見られることが重要である。

バイトマークの濃さは エサの過不足を示す

バイトマークはマルハナバチが訪花した後、半日〜1日で確認できるようになる。気温が高い時期には数時間で確認できる場合もある。

バイトマークの濃さは、同じ花にマルハナバチが何回訪花したかで決まる。つまり、マルハナバチが何回も訪れればバイトマークは濃くなり、1、2回程度しか訪花しなければ薄いままである。原理としてはマルハナバチが1回訪花してくれれば受粉が成立するため、必ずしもバイトマークが濃い必要はないが、濃いことの利点は利用者がマルハナバチの活動を一目で確認しやすいということである（カラー口絵⑶ページ）。

「濃くないと満足できない」「薄くてもついてさえいれば問題ない」というように、バイトマークの濃さは利用者によってその好みは分かれる。しかし、バイトマークの濃さはマルハナバチの巣箱導入量の適不適や巣内の状態を示す。

たとえば、バイトマークが薄すぎるまま推移している場合には、マルハナバチの活動量（働きバチの数）に対して、圃場内の資源量（花の数や花粉の量）が上回っていることを示している。それでも、開花数に対して80〜90％の花にバイトマークがついていれば問題ないが、60〜70％の割合で開花2日目以降の花でもバイトマークが見られなくなった場合には、明らかに花の数に対して活動している働きバチの個体数が少ないと判断できることから、新しい巣箱を追加する必要がある。このような状況は、20aを超える規模の大きなハウスで起こりやすい。

また、巣箱を導入してしばらくはバイトマークがある程度の濃さで確認できていたものが徐々に薄くなってきた場合には、巣の活動寿命が短くなっている。つまり、育てている幼虫が少なくなってきて、巣の活性が落ちてきた可能性があると推測できる。その場合にも、巣箱を更新する必要がある。

バイトマークが濃すぎるのはエサ不足

いっぽうでバイトマークが濃すぎる場合には、マルハナバチの活動量に対して、ハウス内の資源（花粉）量が少ないことを示している。

蜜を出さないトマトの花にマルハナバチの働きバチが訪花する理由は、花から得られる花粉である。後脚に団子にして巣に持ち帰った花粉は、幼虫のタンパク源（エサ）として利用される。巣の中で幼虫がたくさん育っていればいるほど、働きバチはより積極的に採餌活動を行なうためにトマトの花を訪れる。つまり、働きバチの活動量が多い巣は、たくさんの幼虫を育てており、たくさんの花粉を必要としていると考えてよい。

本来、マルハナバチは他の個体が一度訪花した花はエサ資源が減少しているため、なるべく再訪問しないように回避する習性がある。これは足跡フェロモンという化学的なシグナル（信号）が、足跡として残されるためである。しかし、幼虫をたくさん抱え、エサ資源に困窮してくるとそのような信号は無視して、同じ花に何度でも花粉を得るために訪花するようになる。その結果、バイトマークは濃くなっていく。端的にいえば、バイトマークが濃いということは、エサ（花粉）不足のサインということになる。

これを「過剰訪花」と呼び（カラー口絵(3)ページ）、この状態を長く続けるとマルハナバチの巣箱の活動寿命が短くなるだけでなく、トマトも落花（もしくは落果）することとなり、収量に悪影響を及ぼしかねない。

このような状況は10ａ以下の規模や定植株数の少ないハウス、つまり、マルハナバチにとって資源（花粉）量の少ないハウスで起こりやすい。

このような状況を回避するためには、単棟ハウスの連結（32ページ）や後述のローテーション利用（63ページ）を行なう。それでも過剰訪花状態の花が見られ始めたら、働きバチの活動を制限して過剰訪花を防止したり、乾燥花粉の給餌をひんぱんに行なって花粉不足を補ったりする必要がある。

活動のよしあしはエサ次第

前述のように、マルハナバチの働きバチの訪花活動の目的は、巣箱の中で待つ仲間や幼虫のエサを集めることである。特に花粉は重要なタンパク源であり、幼虫の発育には不可欠なエサ資源である。加えて、体内で卵を大量に生産する女王バチにとっても、花粉は重要なタンパク源となる。働きバチが作物から多くの花粉を集めてくることができれば、相応してたくさんの幼虫を育てることができる。そして、巣の中で育つ幼虫数が多ければ多いほど、巣箱の活動寿命も長くなる。

逆にいえば、施設の面積が狭かったり、定植株数が少なかったりするハウスの場合には、花粉を提供してくれる花＝エサ資源が少ないことから、巣箱の寿命が短くなる傾向がある。

つまり、ハウス内のマルハナバチの訪花活動のよしあしや巣箱の活動寿命は「エサ資源の確保」に左右される。

一つの例として、先のエサ不足による過剰訪花が見られるようになったハウスでは、マルハナバチの巣箱に変化が見られるようになる。それは巣箱内部の角もしくは、巣箱の出入り口下に養いきれなくなった幼虫を大量に捨てる現象である（カラー口絵⑤ページ）。ハウス内の作物から花粉が得られなくなった場合、マルハナバチはまず、1頭1頭の幼虫に与える花粉の量を減らす。その場合には、成長して羽化してくる働きバチの体のサイズが小さくなってくる。しかし、それでも養いきれなくなると、口減らしのための子殺しを行なうのである。また、こうなると女王バチも産卵をやめてしまうこともある。こうなってしまった巣箱は、育てられる幼虫が少ないため必然的に利用期間＝巣の寿命も短くなる。

3 導入後の管理

エサの補給はどうやるか

乾燥花粉を積極的に与える

いっぽうで、どんなによい花を咲かせても、小規模なハウスや定植株数の少ないハウスでの利用の場合には、マルハナバチは慢性的に花粉不足になる可能性がある。過剰訪花や巣箱の短命化を避けるためには、製品巣箱に添付されている乾燥花粉を毎日与えるとよい。

また、十分にエサ資源を確保できる規模や栽培株数のハウスでも、乾燥花粉をこまめに与えることは重要である。なぜなら、花粉にはアミノ酸、ペプチド類、糖類、核酸類、ビタミン類、脂質類、ミネラルなどの多くの栄養成分が含まれており、その種類や含有量は植物の種類によって異なるためである。利用作物から得られる単一の花粉のみよりも、多様な花から集められた花粉で構成されている乾燥花粉も与えたほうが、巣の健全性が保たれやすいことが近年の研究でも報告されている。

よって、農薬散布時の回収や、過剰訪花を避けるための活動制限でハチを巣箱内に閉じ込めているときはもちろんのこと、ハウス内で訪花活動をさせている最中でも、乾燥花粉は積極的に与えたい（写真2―21）。

写真2－21　乾燥花粉の設置例

糖液の補給所＝ガソリンスタンドを設置する

本来、自然界では働きバチたちは花粉だけでなく蜜も、花から得られるエサ資源として集める。メロンなどのウリ類、イチゴ、オウトウなどのバラ科果樹のような流蜜している作物であれば、花粉と同時に蜜も集めることができる。しかし、トマトは流蜜しないので花粉と同時に蜜を集めることができない。そこで、どのメーカーでも、花蜜の代わりに糖液（糖濃度60％程度の糖溶液）のタンクを巣箱の底面に備え付けている。ところが、巣箱内の糖液だけでは足りないことがある。

写真2－22　蜜切れにより巣箱の上で餓死した働きバチ

流蜜しないトマトのハウスで利用されている働きバチは、巣から離れると途中で蜜を補給することができないため、自身が「蜜切れ」（いわゆるガス欠）になる前に巣箱に帰る必要がある。これは、働きバチの訪花活動からすると非効率であり、時にはガス欠で花粉団子を持ったままハウス内で餓死している個体も見られる。また、巣の寿命が長くなって働きバチも増えて大きく発達した巣では、まだ活動できるにもかかわらず、備え付けの糖液タンクが空になり、全滅してしまうというトラブルも起こる（写真2―22）。

巣が全滅する前には、蜜切れの兆候がある。「これまで順調に訪花活動していた働きバチたちが、急にトマトの花には目もくれず、（蜜を探して）ハウス内を飛び回っている」「段ボールのフタと巣箱天板の間に弱ったハチがたむろしている」などである。

このようなトラブルを未然に防ぐために、糖液の補給所（＝ガソリンスタンド）を10ａ当たり2～3個程度設置することを勧めている（写真2―23）。

これは、利用方法が上手な生産者は必ず実践している、巣箱を長持ちさせるコツの一つである。

クロマルは特にエサの補給を

なお、クロマルハナバチは体が大きいため花粉や糖液の消費量が多く、特にエサ不足を起こしやすい。クロマルハナバチを上手に利用するには、花粉と糖液の積極的な補給がコツである。

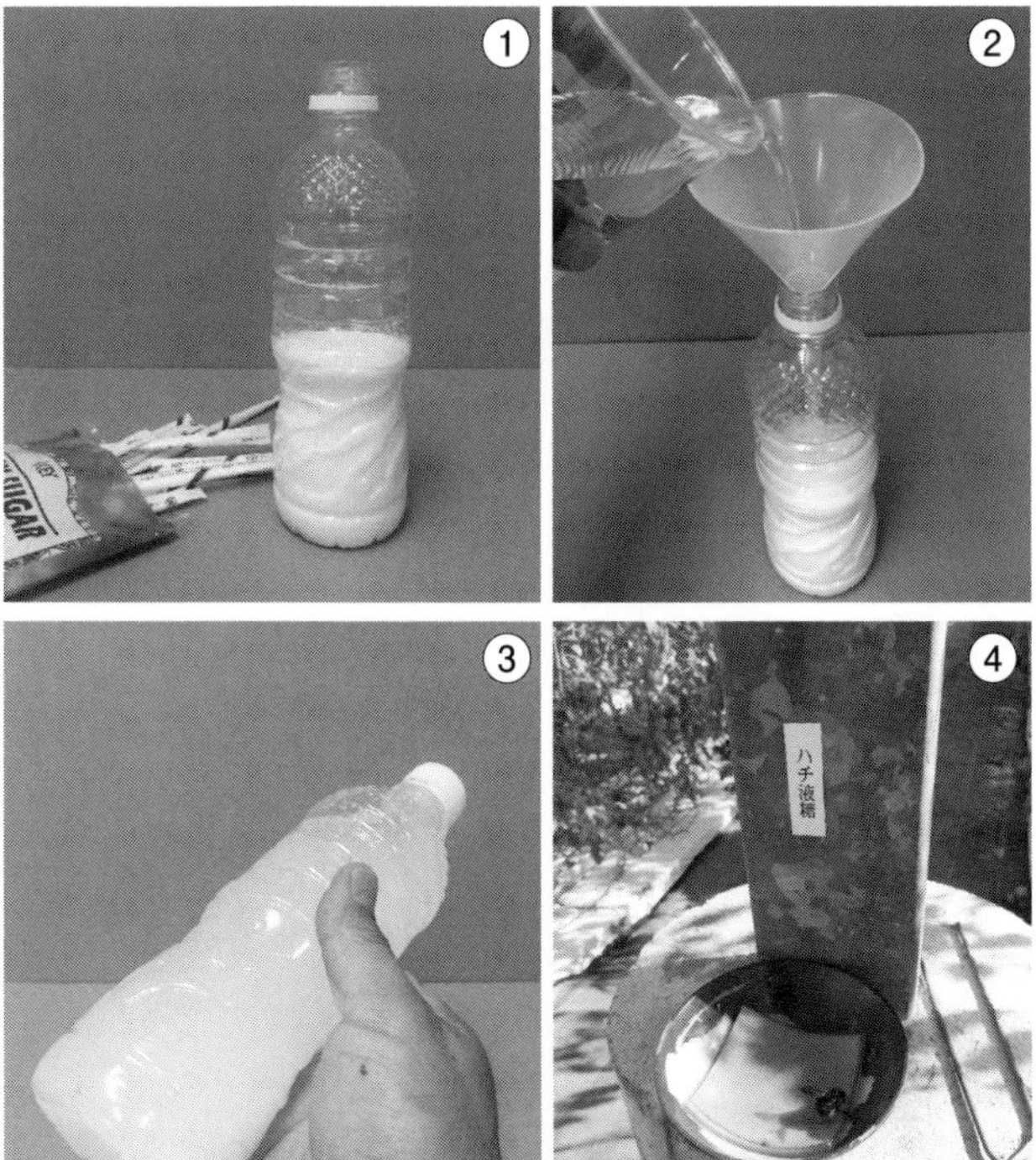

写真2－23　糖液の作り方

ペットボトルに砂糖を半分入れ（①）、残りを水で満たす（②）。よく振って溶かすと糖濃度40％程度の砂糖液ができる（③）。浅めの容器（青色がマルハナバチの目にとまりやすい）に綿やスポンジなどの足場を敷き、糖液を染み込ませる（④）

4
より元気に長く

より元気に長く利用するには

ハチの働き、巣の寿命を左右する3つの要素

マルハナバチを利用するうえで重要なことは、マルハナバチに適した環境がハウス内に用意されているか否かという点である。前項でも述べたように、マルハナバチが花を訪れる目的であるエサ資源が圃場内に十分用意されていることの重要性はいうまでもないが、その他にもハウス内でのマルハナバチの訪花活動や巣の寿命に影響を与える要素がある。それは下図のように大きく3つに分けられる（図2―8）。

1つめは栽培されている作物の花の状態である。作物の花が巣の中で待つ幼虫たちに、有用なエサ資源を提供してくれるか否か。それによってマルハナバチたちの働きと巣の寿命は大きく変わる。なかには栽培されている作物の品種が花粉の放出量が少ないなど、マルハナバチの利用に適していない場合もある。

2つめは、ハウス内そのものの環境（圃場環境）であり、ハウス内の温度や湿度だけをみても、季節や作型によって留意する点は変わる。また近年では、被覆資材の違いによる施設内の光線量や紫外線量や、CO_2濃度など、地域差だけでなくハウスの構造や設備の違い

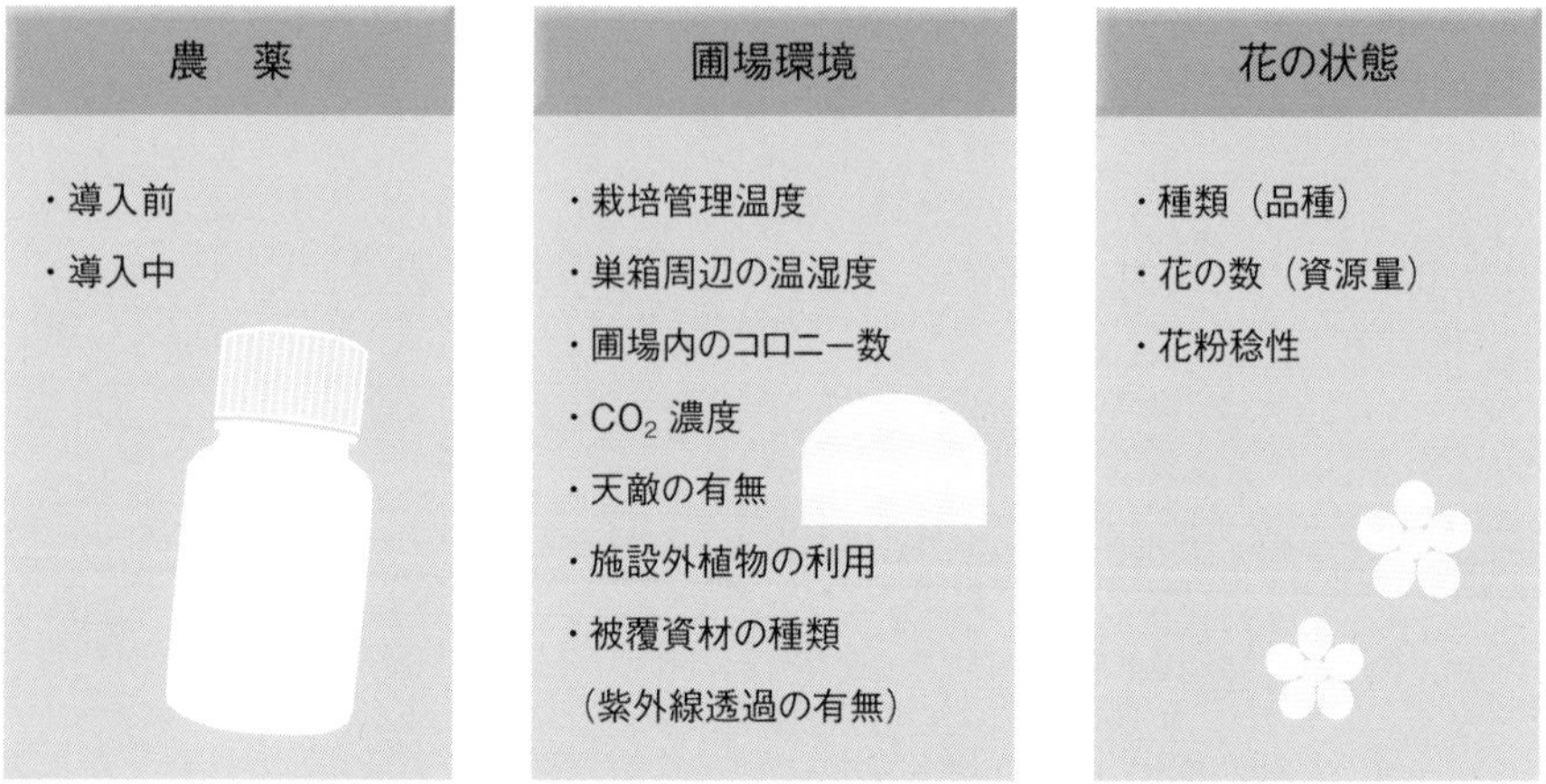

農薬	圃場環境	花の状態
・導入前	・栽培管理温度	・種類（品種）
・導入中	・巣箱周辺の温湿度	・花の数（資源量）
	・圃場内のコロニー数	・花粉稔性
	・CO_2濃度	
	・天敵の有無	
	・施設外植物の利用	
	・被覆資材の種類	
	（紫外線透過の有無）	

図2―8　マルハナバチの活動に影響を与える3つの要素

による個々のハウス内の環境が千差万別となっている。そのため、マルハナバチがうまく活動できないことがあった場合の原因も、本当にいろいろな例があり、枚挙にいとまがない。

そして3つめは、農薬である。近年ではIPM（総合的病害虫管理）の導入も進み、特に化学合成農薬によるトラブルは少なくなっているが、昆虫であるマルハナバチに対して影響のあるなしを留意して農薬を検討することは必須である。

ここからは、この3要素についてそれぞれ解説する。

4 より元気に長く　よい花を咲かせるには

トマトの花をエサ資源として認識させること

マルハナバチが順調に活動して作物の受粉をするためには、働きバチにハウス内の作物の花がよいエサ資源であるということを認識してもらう必要がある。また巣の維持、発達にとって十分なエサ資源量が確保されていることが重要である。

花は蜜や花粉のありかを知らせるガイドマーク（もしくはネクターガイドと呼ぶ）などのサインを通じて、マルハナバチに有用なエサ資源であることを伝えて訪花を促す（64ページ参照）。受粉の準備が整った花はたくさんの花粉を用意し、ハチの訪れを待つ。このような花には、働きバチが積極的に訪花する。働きバチたちがたくさんの花粉を巣に持ち帰れれば、幼虫をたくさん育てることができ、巣はさらに大きく発達し、巣箱の活動寿命も長くなる（53ページ参照）。この好循環を生み出すためには、作物の花粉の質（稔性）、量ともに状態がよく保持されている、〝よい花〟を咲かせる温度、肥培管理をすることである（図2―9）。

導入の基本は花質が安定する3段目開花から

マルハナバチの巣箱を導入するのは、本圃での栽培期間がスタートしてから、いつ頃が最適なのか。

トマトを本圃に定植する際は、通常、1段目の花が開花する間際の状態の苗であることが多い。この場合、1段目と2段目の花房が開花する頃には、トマトはまだ根張りや葉の展開など自身の体をつくる栄養生長に傾いて

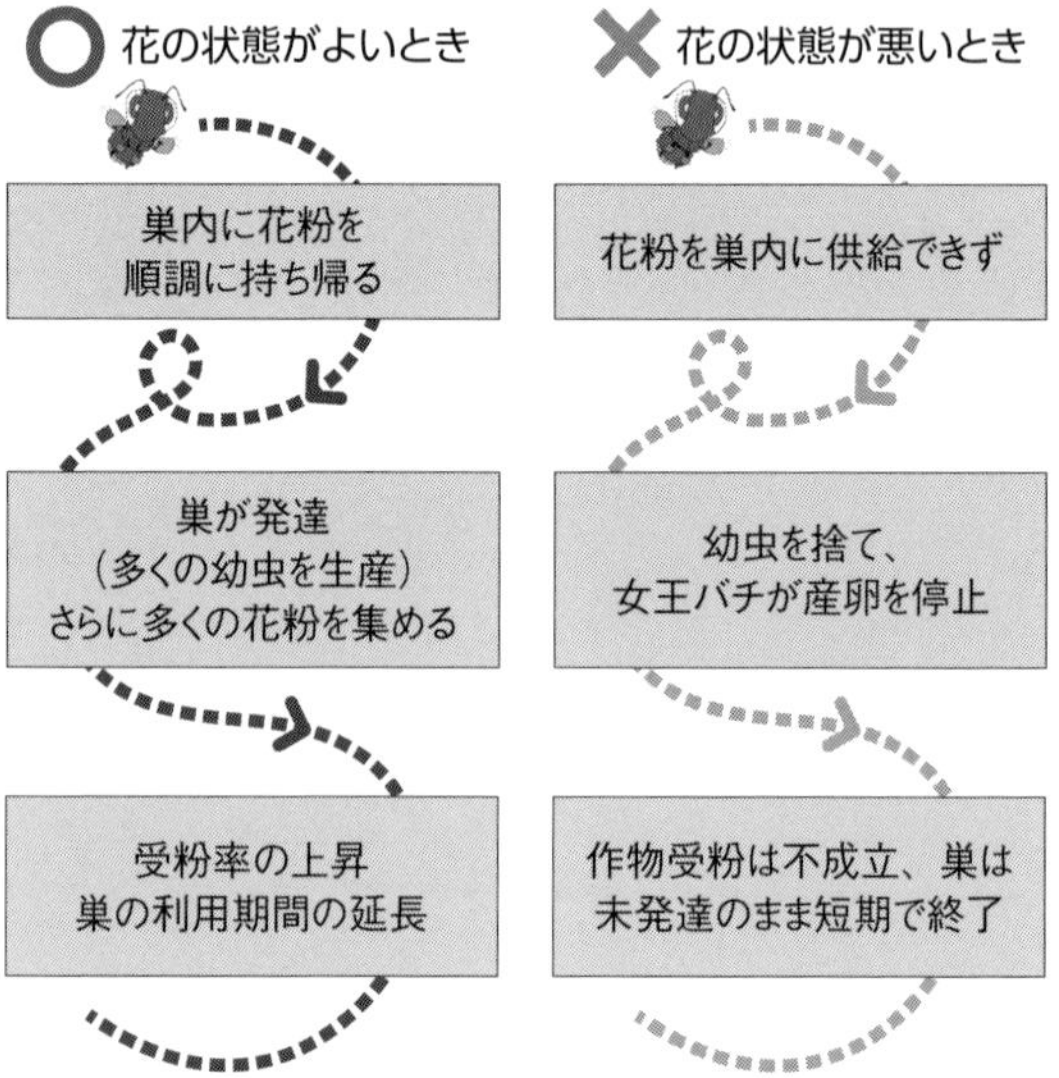

花の状態がよいとき
巣内に花粉を
順調に持ち帰る
巣が発達
（多くの幼虫を生産）
さらに多くの花粉を集める
受粉率の上昇
巣の利用期間の延長
花の状態が悪いとき
花粉を巣内に供給できず
幼虫を捨て、
女王バチが産卵を停止
作物受粉は不成立、巣は
未発達のまま短期で終了

図2－9　マルハナバチのハウス内での活動好循環、悪循環の模式図　（原図：神戸・光畑）

いる。このため、1段目や2段目の花は花粉量が少なかったり、花粉の発芽率が低かったりして花の質が安定していないことがある。マルハナバチの訪花活動も不安定になることも少なくない。このため、1段目の花が開花する間際の苗を定植した場合には、マルハナバチの導入は開花数や花の質が安定する3段目開花以降の導入が安心である。

くり返しになるが、これから活動を開始するマルハナバチには、トマトの花をエサ資源として認識してもらわなければならない。

いっぽうで、低段からマルハナバチの導入を行なう場合には、1段目が開花する頃には生殖生長に切り替わるように、花芽がついていない若苗を定植するようにしたい。加えて1段目からマルハナバチを導入する場合には、着果負担が大きくなり、4段目、5段目が落花してしまった事例もあるため、肥培管理が遅れたり、不足したりしないように留意する。

厳寒期は寒いから飛ばない？

「冬は寒くてマルハナバチが飛ばない」。厳寒期に促成栽培の圃場を回っていると聞かれる声である。しかし寒がっているのは本当にマルハナバチか？　それともトマトか？

すでに述べたように、マルハナバチはもともと温帯の北部域を中心に分布し、冷涼な気候に適応して進化してきたハチである。よって、むしろ寒さには強いといえる。

その証拠にマルハナバチの仲間は、北極圏にまで生息している。北極圏の夏には太陽が沈まない白夜と呼ばれる期間があるが、それでも地平線近くに太陽が傾くと、外気温は夏にもかかわらず6℃にまで下がる。そんな中でもマルハナバチは花から花へと活動を続ける。

なぜなら、マルハナバチは胸の中の飛翔筋を利用して発熱することができるからである。この胸の中の筋肉が30℃を下回らなければ飛び続けることが可能であり、外気温が10℃近くでも巣の中を31～32℃で保つ能力がある。

　これらはすべて冷涼な気候への適応であり、冬越しの栽培とはいえ、10℃以上に加温して栽培されているトマト施設の中ではマルハナバチたちの活動が低迷するようなことはない。

飛ばない原因はトマトの花粉の稔性

　もし、マルハナバチの冬場の活動が不安定になっているとすれば、それはトマトのほうに原因があると推測できる。

　ホルモン処理が主体の頃には、花の状態、特に花粉の稔性などが着果に影響することはなかった。しかし、マルハナバチを利用した場合、マルハナバチが雌しべに運んでくれた花粉が、花粉管を伸ばし、子房内の胚珠に精核（子）を届けて初めて受精、結実に至る。雌しべについた花粉が花粉管を伸ばす能力が稔性である。花粉にこの稔性が保持されていなければ、トマトはマルハナバチに花粉を運んでもらっても受精することができない。

　花粉稔性が保持されていないトマトの花はガイドマークが見えにくく、われわれ人間にとっては同じような花に見えていても、マルハナバチにとってはエサ資源としての認識ができない。エサ資源のない施設では活動しても意味がないため、結果、訪花活動が低下してしまうことにつながる。

　つまりガイドマークとは、トマトの花が紫外線を利用してハチに対して訪花を促すサインと理解できる。有能な花粉を保持している部分の雄しべが紫外線を吸収し、ハチに訪花を促す（カラー口絵(4)ページ）。

冬期は夜温10℃を維持せよ

　このサインを出させるためにはハウス内夜温がカギとなる。

　多少の品種差はあると考えられるが、花粉稔性を保持できる夜温は、大玉トマトの場合は実測で10℃、ミニ・中玉トマトでは12℃が目安となる（図2―10）。

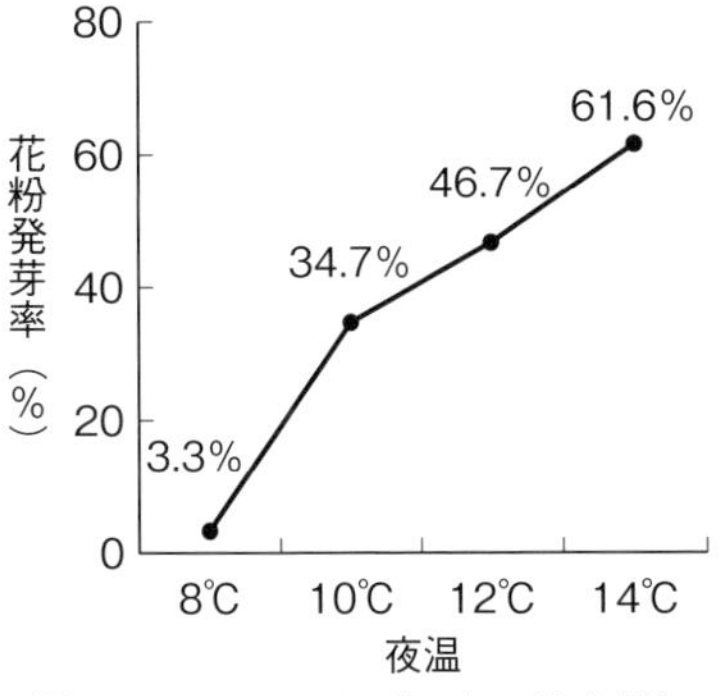

図2―10　トマト（ハウス桃太郎）における夜温が花粉稔性に及ぼす影響　（室井、1993を改変）

暖房機の燃料費などの関係で、そこまで加温することが難しいということであれば、冬期のマルハナバチの利用はいったん中止して、前述の夜温が確保できるようになるまでホルモン処理に切り替えるという選択肢も検討すべきである。

　促成栽培においてマルハナバチを冬期も利用し、安定的な訪花活動を維持する場合には、トマトの花粉が発芽できる夜温に管理することが重要となる。

夜温25℃以上が続くときはホルモン処理に切り替える

　また、トマトの場合、花粉が35℃以上の高温に遭遇しても、その後の発芽と花粉管の伸長が悪くなることが知られている（そのため、トマトの栽培に適した夜温は35℃を超えないように指導されていることが多い）。さらに花粉の発芽や花粉管の伸長の程度は、高温にさらされた時間の長さによって変わることも報告されている。

　このことから、高温期のトマト栽培（夏秋栽培、抑制栽培など）では、日中の高温は避けられなくても、夜温が花粉の発芽や花粉管伸長にとって適温に低下することが特に重要となる。

　たとえば、マルハナバチが日中にトマトの花を訪花したとしても、「熱帯夜」と呼ばれる25℃以上の夜温が続くと受粉しないことがある。夜温は25℃以下、もしくは1日の平均気温が28℃以下になることが、花粉の発芽率を維持する一つの目安となる。

　また、高夜温によって著しく花粉の発芽率が低下している場合には、厳寒期と同様にトマトの花がガイドマークを出していないため、マルハナバチがトマトの花そのものを資源として認識

写真2－24　熱によって崩壊したマルハナバチの巣

巣が溶け、成虫も蒸殺されている

できなくなり、訪花活動がストップすることがある。このような温度条件になった場合には、マルハナバチによる受粉をいったんあきらめて、トマトトーンなどの植物調整剤（ホルモン）処理に切り替える必要がある。

　なお、高温期の利用では巣箱の暑さ対策も非常に重要になる。何も対策をせずに巣箱を高温にさらせば、熱によって巣が崩壊するリスクもある（写

真2—24）。高温期の巣箱の設置方法、特に暑さ対策については、37〜41ページを参考にされたい。

本州以南では9月中旬までの導入はリスクが大きい

近年では促成栽培でも、8月中下旬には3段目開花を迎えるような作型が増え、定植タイミングが早まる傾向がある。このような栽培条件では高温下でのホルモン処理を強いられるため、マルハナバチの導入を望む声も多い。しかし、促成栽培が行なわれるような地域は夏秋産地よりも標高が低いことが多く、8月中にマルハナバチの受粉条件（ハウス内夜温が25℃もしくは1日の平均温度が28℃以下になること）を満たすことは、本州以南の産地では困難であろう。

では、9月になればすぐに導入が可能かといわれれば、ここでも注意が必要である。なぜならば、トマトの花の状態のよしあしは、開花2週間前の花芽形成期の温度、気象条件が関与する。このことを考えると、作型にかかわらず本州以南産地でのマルハナバチの導入もしくは再導入は、9月中旬以降になって初めて導入を検討できるということになろう。

4 より元気に長く

使えないハウスや被覆資材とは

小さいハウスではエサ不足が起きやすい

マルハナバチの活動に影響を与える要因としては、花の状態と同様にハウス内の環境が大きい。一言で「環境」といっても漠然としていてわかりにくいが、栽培様式が多様になった昨今のトマト施設では、それだけいろいろなことがマルハナバチの活動を妨げる要因になる。

これまでにも、ハウス内の環境にかかわることについては、管理温度（59ページ）、巣箱周辺の環境（41ページ）、CO_2施用濃度（37ページ）などを例に述べてきた。ここでは特にマルハナバチの生活空間であるハウスの構造や設備に関することについて述べる。

マルハナバチの通常サイズとして市販されているコロニーであれば、大玉トマトでは2000m^2、中玉・ミニトマトでは1500m^2を1群で受粉させることが可能である。作付面積が広く、栽培作物の定植株数が多いことは、マルハナバチにとってエサ資源が豊富であることにつながるため、それに越したことはない。しかし、作型、地形、地域の気候条件などの諸事情により、必ずしも上記以上の施設規模を一区画もしくは連棟で確保できるわけではない。

平坦な土地を確保しにくい中山間地や冬期の積雪などの事情から、独立した小規模の単棟のハウスを複数棟管理している地域もある。あるいは多品目栽培で、トマトを含む各作物の栽培規模が小さい場合もある。

小規模ハウスでのマルハナバチ利用のいちばんの大きな問題は、過剰訪花による落花あるいは落果である（52ページ）。

過剰訪花の原因は、働きバチの個体数やコロニーの花粉要求量（巣箱の中で育っている幼虫の量に比例する）に比べて、作物の花（＝花粉資源）が少なすぎることである。子育てに必要とする花粉を十分に集められないコロニーは、幼虫を満足に育てられないため、巣箱の利用期間も短くなる。複数棟管理の場合に各棟に巣箱を用意すればよいことになるが、利用する群数も増えるためにコスト増にもつながる。しかし、このような問題は原因がはっきりしているため、花粉資源を増やせば解決できる。

花粉量を増やす工夫

すでに述べたように、小規模ハウスでマルハナバチを利用することの難点は、彼らがエサ資源としている作物（トマト）の花が少ないことである。特に、マルハナバチの利用期間に大きく左右するのは、幼虫の発育に不可欠なタンパク源である花粉量の多少である。花が少ないことは、花粉量が少ないことに直結する。この少ない花粉量を増やすことに重点をおいた工夫をすることで、小規模ハウスでのマルハナバチの利用は可能になる。

まずは、単純にマルハナバチの製品に付属している乾燥花粉を毎日もしくは数日間隔で与えることである。また、巣箱に直接花粉を投入することが面倒であれば、乾燥花粉を底の浅い容器、たとえば鉢皿のようなものに乾燥花粉をばらまいておくことも有効である（54ページ）。

なお、花の状態を観察しながら過剰訪花の兆候が見られるようであれば、半日もしくは1日活動させたら、2～3日は巣門を閉じて訪花活動を休ませるなどの活動制限をする。小規模ハウスでは活動を制限して、乾燥花粉をこまめに与えることが利用のポイントである。

また、メーカーによっては、小規模ハウスでの利用に対応できるよう、働きバチの個体数が少なく、コロニー規模が小さなミニタイプの製品も用意している。

巣箱をハウス間でローテーションする

マルハナバチの利点は巣箱に閉じ込めたまま飼育できることと（21ページ）、閉鎖空間への順応性が高いことである。これらの特性はミツバチでは困難な、複数のハウスを行き来させて利用することを可能にしてくれる。

小規模ハウスで利用するには、一つのマルハナバチの巣箱を複数の棟で使い回す〝ローテーション利用〟が解決策の一つとして有効である。ローテーション利用とは、農薬散布時にも利用する回収（専用）口を利用して働きバチを回収し、次のハウスへ移動していくことをくり返す利用方法である。トマト（イチゴでも同様）の施設であれば1000m²未満の単棟ハウス3棟程度を目安にローテーションする。

3棟のハウスを仮にA、B、Cとした場合、A棟で1日活動させ、夕刻に巣門を回収モードにして日暮れまで待つ。日が暮れた後、もしくは翌朝にB棟へ静かに移動して30分程度静置してから、巣門を開放して1日活動させる。ふたたび夕刻に回収してからC棟へ移動、C棟で1日活動させてから、夕刻回収。そして4日目にA棟での活動

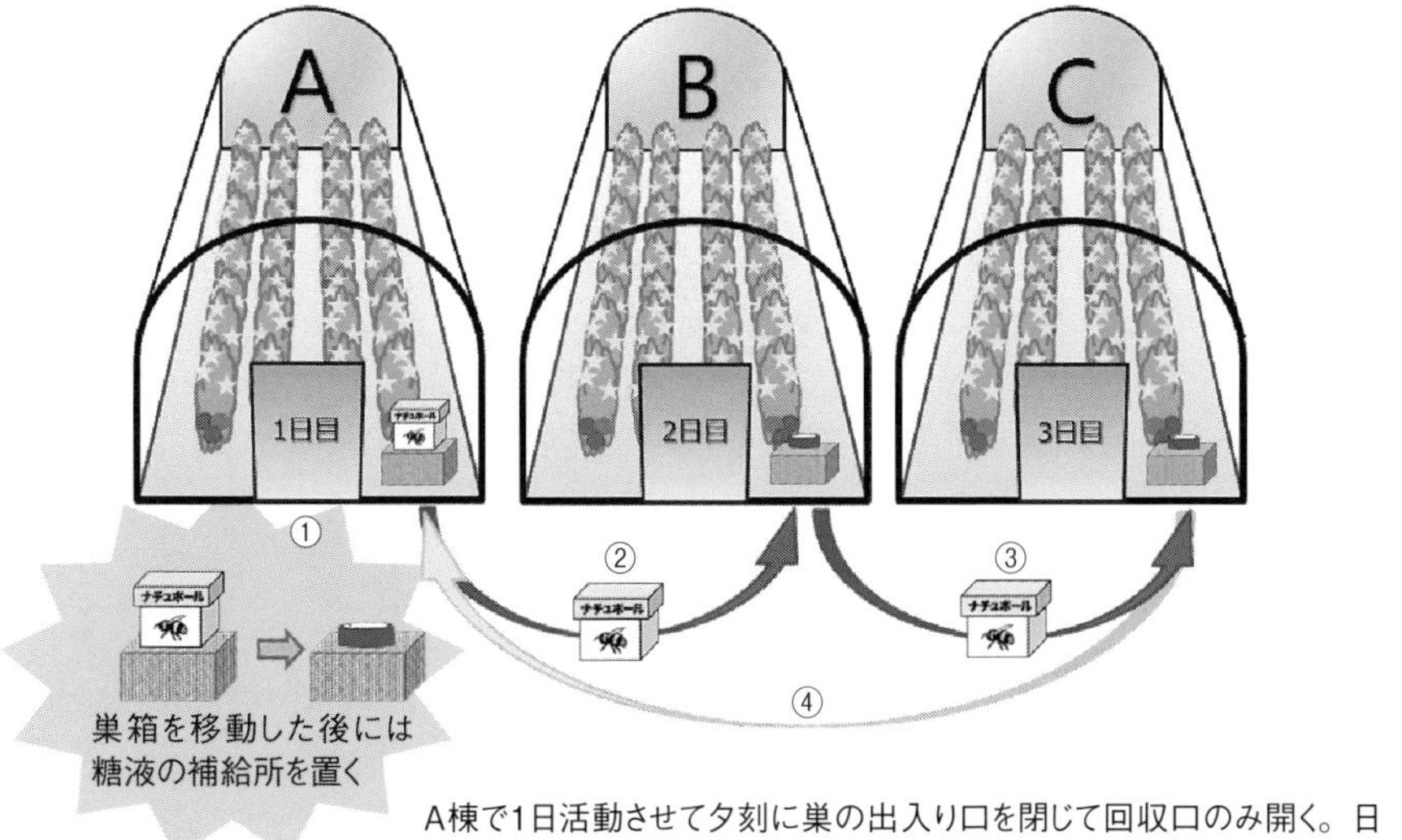

A棟で1日活動させて夕刻に巣の出入り口を閉じて回収口のみ開く。日没後（または翌朝）にB棟へ静かに移動して30分程度静置してから、巣門を開放して1日活動させる。また夕刻に回収……、のくり返しで4日目にA棟での活動に戻す（ローテーションは3棟まで）

図2－11　単棟ハウスでのローテーション利用

に戻るといった具合（図2―11）。

トマト（イチゴでも同様）の開花から受精能力の保持期間を考えると、3棟をローテーションするのがちょうどよいと考えられる。なお、花蜜のないトマトの場合には、回収しきれずに居残ってしまった働きバチのために、巣箱が移動した後の設置台の上には、糖液の補給所を置いて（55ページ参照）、〝居残りバチ〟が餓死してしまうことを防ぐ。

大規模ハウスでは栽培株数に合った巣箱数を入れる

近年は大型の栽培施設が増えている。作付面積が広い施設の中にはたくさんのマルハナバチの巣箱を導入しなければならない。

同じところに多くの巣箱が利用されているハウスでは、ドリフト（迷い込み）と呼ばれる働きバチどうしの巣箱の往来が起こる（35、76ページ）。このことによって、受粉活動や結実率そのものに大きな影響を与えることにはならない。

むしろ注意する点は、たくさんの株数をきちんと受粉させるために、ハウスの栽培規模に応じて適正な巣箱数を導入することである。栽培面積が広ければ広いほど、受粉率の低下による着果数の減少は、経営に与える影響が大きくなる。

メーカーが目安として提示している1巣箱当たりの利用可能面積は、トマトやミニトマトでは1000m^{2}当たりの定植株数を2000株で算出している。近年の大型のハウスでの栽培様式は多様である。定植株数が1000m^{2}で6000株にもなる方法や、低段密植栽培、生育途中からわき芽を伸ばす増枝に伴う花数の増加など、栽培の特徴に応じて導入する巣箱の数を設定する。そして、マルハナバチの訪花の証であるバイトマークが常に開花数の80～90％以上の割合で見られるようにすることが重要である。

被覆資材によってはハチの活動を妨げる

トマトの花がマルハナバチに対してその存在のありかを示すシグナルが、「ガイドマーク（もしくはネクターガイド）」であることは前述のとおりである。トマトに限った話ではないが、このガイドマークは花弁が紫外線を反射し、蜜や花粉がある場所、つまり蜜腺や葯の部分が紫外線を吸収して、訪れてほしい場所をアピールしている（写真2―25、カラー口絵④ページ）。このことは、花とマルハナバチの間には光、特に紫外線を含む光線を介した視覚的なやりとりがあることを意味する。紫外線は、マルハナバチがトマトの花をエサ資源として認識するために重要な要素の一つである。

施設栽培のトマトの場合には、ハウスに張られている被覆資材を通して光が差し込むため、被覆資材によってはマルハナバチの活動を妨げる可能性がある。その最も代表的な例が紫外線カットフィルムである。

写真2－25　トマトのガイドマーク
（撮影：岩井照夫）

また、紫外線カットフィルムではなくとも、ガラスが5mm以上の厚さになると紫外線が遮断される。同様にポリカーボーネート製の波板も紫外線を遮断しているものがある。いっぽうで、光線を散乱させる効果を持つ梨地（ナシジ）タイプのフィルムについては特に問題はない。

紫外線カットフィルムは不向き

トマトでは、タバココナジラミが媒介する黄化葉巻病（ＴＹＬＣＶ）などの病害虫対策や資材の劣化予防として紫外線カットフィルムを展張したハウスで栽培されることも少なくない。しかし、くどいようではあるが、トマトは紫外線を利用して、マルハナバチにその花のありかを伝えている。ましてや、トマトの花はハチを誘引するような蜜も、芳香もなく、他の作物や野外の花と比べても、マルハナバチを呼び寄せるための手段が多くはない。紫外線を遮断することで、ただでさえその少ない誘引手段であるガイドマークを見えにくくしてしまうと、マルハナバチはトマトの花を資源として認識するすべを失う。

実際、紫外線の遮断率が高いフィルムではマルハナバチは飛ぶことはできても、トマトの花を訪れることができない。加えて、このようなハウスでは、巣箱に戻ってくる割合（帰巣率）が極端に低いこともわかっている（図2－12）。

では、紫外線カットフィルムを展張したハウスでは、マルハナバチは利用できないのだろうか。第1章でマルハナバチは高緯度地域に適応した生態を持つことを紹介した。その中で、低照度もしくは低い紫外線強度の環境でも活動できることも紹介している。つまり、マルハナバチが最低限利用できる

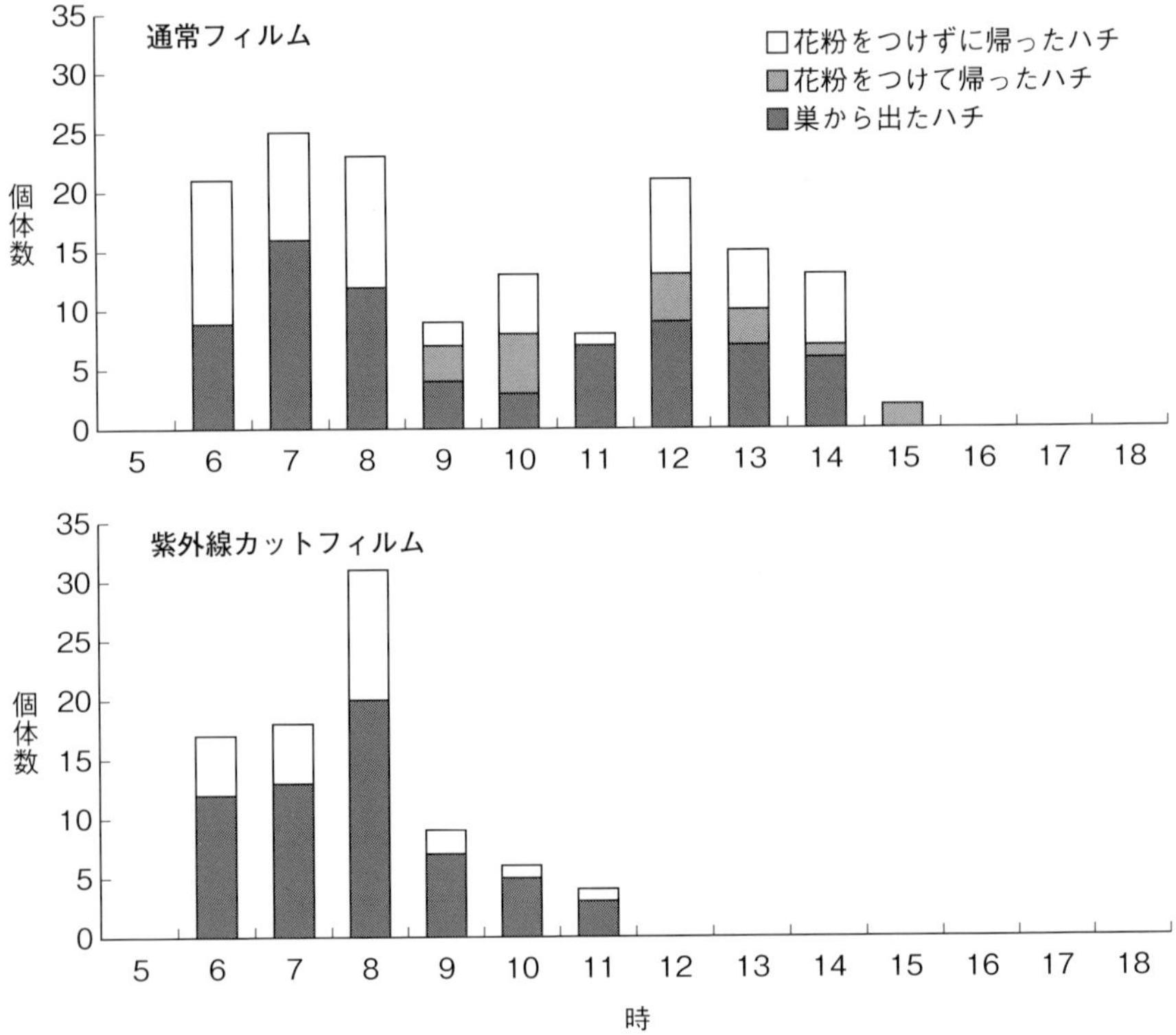

図2－12　通常フィルム（花野果）と紫外線カットフィルム（花野果UVロング）展張でのクロマルハナバチの活動継時比較

紫外線を透過しているものであれば、紫外線カットフィルム条件下でも、マルハナバチを利用することは可能である。

現在のところ、３８０〜３７０nm付近の波長が70%程度遮断されても、活動可能であろうことは推測されている。いっぽうで、欧米では３４５〜３５０nm付近の光線をいちばん利用しているとの研究成果もあり、まだまだ不明な点が多い。

ただし、活動が認められている紫外線カットフィルムでも、紫外線を透過するタイプのフィルムに比べれば、ハウスの中の環境に慣れて活動を始めるまでに1週間程度かかったり、通常フィルム下で活動させた場合に比べて活動する働きバチの個体数が半分程度になったりするなどの影響を受ける。

また、フィルムや展張年数によっても紫外線の透過量は大きく変わる（写真2―26）。特に、同じ種類のフィルムであっても張り替えたばかりの1年目のフィルムでは紫外線の遮断能力も高いため、まったく活動しなかった事例もある。

　これらのことから考えると、マルハナバチを利用した受粉には、紫外線カットフィルムを利用しないほうがベストである。

クロマルで使えるフィルム

　しかし、個々の栽培上の理由により、どうしても紫外線カットフィルムを利用せざるを得ない場合には、マルハナバチのメーカーやフィルムのメーカーなどが事前にマルハナバチの活動が可能であることを調べているフィルムを選んで展張するようにする。もともと弱い紫外線の地域で生きてきたセイヨウオオマルハナバチに比べて在来種のクロマルハナバチでは、紫外線カットフィルムの影響を受けやすいので注意する（表2―3）。

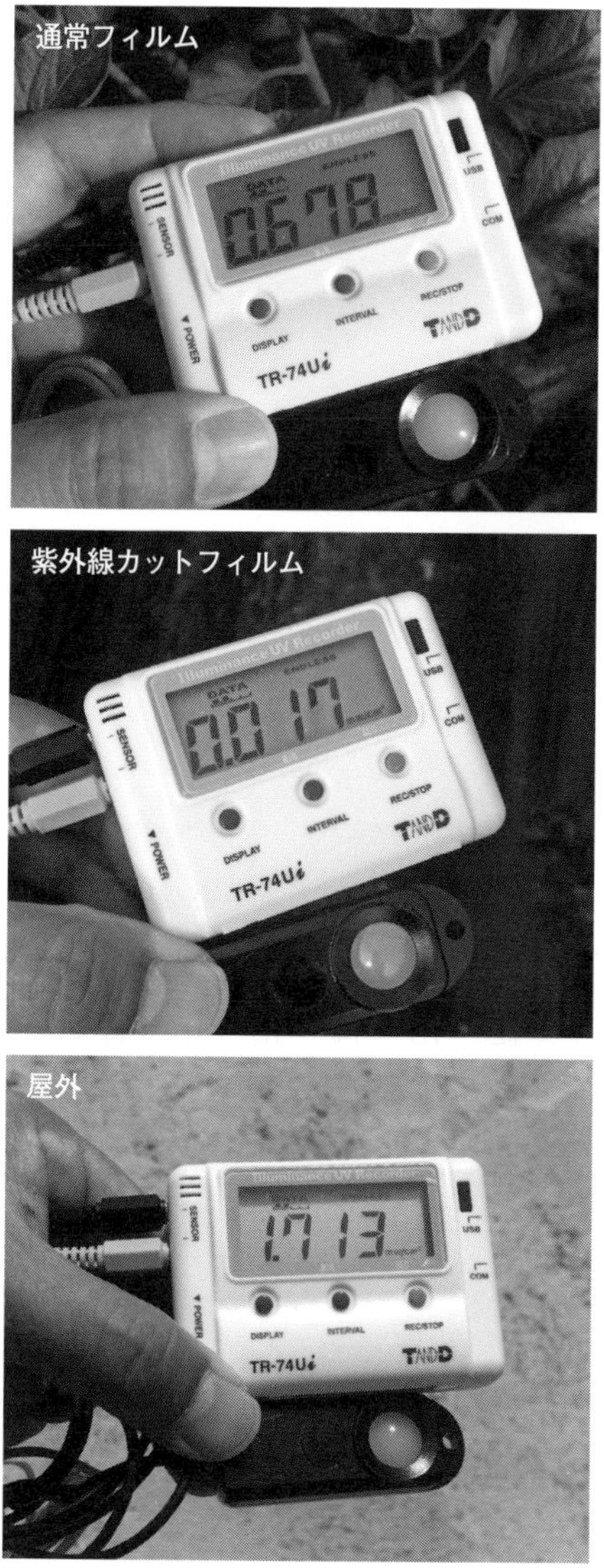

写真2－26　紫外線を検知するデータロガーが示す紫外線強度

上：紫外線透過型（通常）フィルム展張ハウス内
中：紫外線カットフィルム展張ハウス内
下：屋外

表2－3　紫外線カットフィルムによるマルハナバチの活動への影響

紫外線カットフィルム資材名	素材	メーカー	試験事例（展張年数）	セイヨウの活動	クロマルの活動
イースター UVカット	PO	三菱樹脂アグリドリーム	1～3年目	○	×～△
シクスライトクリーン（ムテキ）	PO	三菱樹脂アグリドリーム	1年、5年、10年目	×～○	×～○
ダイヤスター UVカット	PO	三菱樹脂アグリドリーム	2年、3年目	○	△～○
UVカットPOムテキ	PO	三菱樹脂アグリドリーム		○	△
カットエース キリナイン	農ビ	三菱樹脂アグリドリーム		○	×～△
グリーンエースHG	農ビ	三菱樹脂アグリドリーム	2年目	－	○
ベジタロンスーパー・UVカット	PO	積水フィルム		○	△
花野果UVロング	PO	積水フィルム	2年目	－	×
テキナシ5UV	PO	シーアイ化成	1年目、2年目	○	△～○
スカイコート5UV	PO	シーアイ化成		○	△
シャインアップスカイ8防霧	農ビ	シーアイ化成	1年目	○	○
クリーンソフトゴリラUVC	PO	オカモト	1年目	○	○
PO-オカモト強果トマト（九州限定）	PO	オカモト	1年目	○	○
エフクリーン（GR80）	フッ素樹脂	AGCグリーンテック	2年目	○	○
キリヨケバーナル（UVタイプ）	農ビ	昭和パックス	6年目	○	○
クリーンテートFF	PO	サンテーラ	1年目、2年目	△～○	×
クリーンテートCE	PO	サンテーラ	1年目	○	－

注）「○」正常に活動、もしくはバイトマークが若干薄いが受粉には問題ない
「△」活動はするものの、バイトマークが薄いもしくは飛び飛び。規定よりも多めの巣箱導入が必要
「×」マルハナバチは使えない
「－」試験をしていない未確認のもの
※アリスタライフサイエンス㈱による2017年までの独自試験による調査結果であり、UVカットフィルム環境下におけるあらゆる状況での活動を保証したものではない

4
より元気に長く

農薬はどう使えばよいか

残効を見て農薬を選ぶ

商業的に大量生産され、製品として流通しているマルハナバチは、栽培する農作物の安定生産のための花粉交配用の「資材」である。同様に化学合成農薬などもまた、農作物の安定生産に必要なものとして利用されている。

マルハナバチのことだけを考えれば、もちろん化学合成農薬は散布されないほうがよい。しかし、優先されるべきは作物の栽培であり、マルハナバチの飼育ではない。マルハナバチのことを優先させるあまり農薬を控え、作物が病害虫に侵されて、花を咲かせられなくなるほどのダメージを受け、収量が減少してしまっては本末転倒である。

では、マルハナバチを利用するハウスでの農薬使用は、何に留意すべきであろうか。

まず、マルハナバチを導入する前までに使用した農薬の残効に注意が必要である。たとえば、定植時に植え穴処理された殺線虫剤やネオニコチノイド系の粒剤などには残効が長いものがあるため、花が開花し始めてハチを導入する予定の時期を逆算して薬を選ぶ。

残効日数を1・5倍にしたほうがよい場合

次に留意すべき点は、導入中に使用する、主に殺虫剤の選び方と残効日数に関するものである。マルハナバチ製品には、必ず「使用の手引き」「取り扱い説明書」が同封されている。その資料の中には、主要な農薬に対する影響表が掲載されている。

ただし、そこに記されている残効日数はあくまでも目安であり、実際には記載されている日数よりもかなり長く影響が残る場合もある（写真2―27）。そのような農薬については「○～○日」や「○日以上」と表記されていることが多い。これはその農薬が、たとえば低温や曇・雨天などにより分解が遅くなるなど、その時々の条件により残効日数が変化することを示唆している。また、農薬どうしの混用や展着剤の混用により、残効日数が長くなることもある。

実践することはなかなか困難かもしれないが、①農薬散布後に天候が不順

写真2－27　農薬の残効によるものと思われる被害

農薬の残効により訪花活動中に死亡したと思われる働きバチ（左）。メーカーによる残効日数が3日とされる農薬を散布後、3日でハウスに戻したところ数時間後に全滅した巣箱（右上）。ハウス内の水たまりに薬液が残っていたものと推測される（右下）

になった場合には、残効日数を1・5倍にする。②農薬の混用の場合には、それぞれの剤の残効日数を足し算する。③農薬散布後にうね間や通路に水たまりができるもしくはハウス内湿度がこもりやすい場合にも、目安として残効日数を1・5倍にする。

これらを意識して、十分に安全な残効日数を確保できるようにすることが、ハチの活動を安定させ、コロニー寿命を延長させることにつながる。

いずれにしても、受粉のことを考えると、1花の開花日数が4～5日程度のトマトの場合、残効日数が長くても2～3日の農薬を選ばざるを得ない。

育苗期や定植時の農薬が盲点

すでにマルハナバチをハウスに導入している場合には、目の前にいるマルハナバチやその巣箱に気を配り、あまり残効期間の長い農薬を散布されることはない。しかし、盲点なのが育苗期に散布された農薬や、定植時の植え穴処理で利用される粒剤の残効である。

マルハナバチを導入するまでの多少の期間があるとはいえ、ネオニコチノイド系の農薬には、残効が2～3カ月近く残るものもあり、導入初期のマルハナバチの飛び出しの悪さの原因になっていることも少なくない。

特に、定植からマルハナバチを導入するまでに30日以下の猶予しかないスケジュールであれば、作物にもよるが、植え穴処理ならばアセタピプリド粒剤（モスピラン）、もしくはクロラントラニリプロール水和剤（プレバソン）の灌注処理など、マルハナバチ製品に添付されている「マルハナバチへの農薬影響表」に記載されている中でも、残効日数の短いものを選ぶ必要がある（巻末ページ参照）。なお、クロマルハナバチの農薬の影響日数は、セイヨウオオマルハナバチと同じと考えてよい。

何かを散布するなら巣箱を回収する

一般的に殺ダニ剤、殺菌剤、除草剤はマルハナバチに大きなダメージを与えるものが少なく、散布後1～2日たてば、回収したハチをハウスに戻すことができる。

ただし、除草剤などでもにおいが強いものでは、ハウスの周辺に散布しただけにもかかわらず、10日も巣から出てこなくなった事例もある。また、農薬ではなくても（ニームなどの）害虫忌避効果を謳っている漢方などの資材には、昆虫毒が含まれていることがあり、注意が必要である。これまで散布してきて何も問題がないものを除き、使用しないほうが無難である。

念のために、農薬に限らず何かをハウス内に散布するときには、働きバチを回収したうえで、巣箱をハウスの外に出して風雨の当たらない場所で保管するようにする。ハチを巣箱に閉じ込めている間は製品に添付されている乾燥花粉を3～6g（小さじ1～2杯）与えることを忘れないようにする。加えて、複数の巣箱を同時に導入している規模の大きいハウスでは、巣箱に柱番号や方角などの識別記号をつけ、同じ場所に戻せるようにする。

粘着トラップ選びに注意

病害虫の防除を目的として利用されているものに、黄色もしくは青色の粘着トラップがある。特に、近年では薬剤抵抗性が著しく発現したタバココナジラミやアザミウマ類を捕殺する目的で、ネットなどと並ぶ有効な物理的な防除手段として、10a当たり300～

400枚、大型の生産法人では10a当たり500~700枚の粘着トラップが導入されている（写真2—28）。

ところが、黄色や青色といった波長はマルハナバチも好む色彩であり、製品によっては対象とする害虫のみならず、マルハナバチまで捕殺されてしまうことがある。

写真2－28　ハチが捕殺されない黄色粘着トラップと捕殺される黄色粘着トラップ

現在、このような粘着トラップは非常に多くの商品が販売されており、利用する製品の選択には留意する。

たとえば、同じ黄色い波長でも、コナジラミ類などの害虫が好む黄色と、マルハナバチなどのハナバチ類が好む黄色は大きく異なる。このような科学的根拠に基づいて作られた製品にはマルハナバチがトラップされてしまうことはない。

マルハナバチを自身で販売しているメーカーの粘着トラップを選ぶようにすれば、自社が販売するマルハナバチをトラップしてしまうような粘着トラップ製品を推奨することはなく、問題はない。

5 巣の寿命と更新

巣が寿命を迎えるとは

ハウスの中の巣は1・5~2カ月で寿命を迎える

マルハナバチの巣には寿命がある。働きバチに続いて、次世代に命をつなぐ雄バチや、新しい女王バチなどの幼虫を育て終えると巣は終焉を迎える。

温帯という四季のある地域で進化してきたマルハナバチの巣作りは、幼虫に与えるエサ（＝花粉）資源を提供してくれる花が野外に咲いている春から秋までの約6カ月間に行なわれる（16ページ）。

商業的に生産されているマルハナバチは、増殖工場の中で約3カ月間飼育されて、ある程度発達した巣が商品となる。ある程度発達し、大きくなった巣でなければ、移動や環境の変化というストレスに耐えられず、ハウスに導入しても活動できない。つまり、マルハナバチ商品は活動期間6カ月から増殖過程で経過した3カ月を引いた、3カ月間が利用可能期間＝寿命ということになる。

表2－4　マルハナバチ2種の活動日数比較

マルハナバチ種	調査数	ハウス内での平均活動日数
セイヨウオオマルハナバチ	137	61.6±18.7
在来種クロマルハナバチ	77	59.3±17.2

注）2種のマルハナバチのハウス内での活動日数にはほとんど差がないことがわかる

しかし、ハウス内での利用では、エサ資源となる花が栽培作物のみであるため、栄養が偏ったり、化学合成農薬の影響を受けたりするなどして1カ月半から2カ月程度で巣の寿命を迎えることが多い（表2―4）。

巣箱の寿命はバイトマークがまばらになる前に判断する

前述のように、ハウスに導入したマルハナバチの製品群の平均活動期間は1カ月半から2カ月程度である。トマトの栽培期間中に3段目から芯止めまでマルハナバチに受粉させることを考えると、促成栽培で2～3回、夏秋栽培で1～2回、長段取りであれば4～5回巣箱の入れ替えを行なう必要がある。

この入れ替えの方法にはいろいろな考え方があるが、利用していた巣箱の活動が弱まり、寿命を終える直前に、新たな巣箱をハウスに導入することが一般的な方法であろう。

では、「どのように巣箱の寿命を判断したらよいか？」。この質問が現場では多い。答えとしては「巣箱の中をのぞいて判断するのは難しい」といわざるを得ない。なぜなら、マルハナバチの製品は、外装のダンボールのフタを開けてもスリット状になったプラスチック製の天板があり、その下には綿しか見えないからだ。マルハナバチの製品群には、巣の保温性を維持しやすいように自然の巣がワラやコケなどの繊維状のもので覆われていることを真似て、その代わりに綿を被せてある（写真2―29）。よって、巣の寿命の見極めは、巣箱のスリット越しに、綿の上から見て判断することは困難である。判断の目安は、やはり50ページでも述べたように、ハチの活動のバロメーターであるバイトマークを第一と

写真2－29　マルハナバチ（ニセハイイロマルハナバチ）の自然巣（提供：東京農工大学 井上真紀氏）

コケやワラなどの繊維質で作られた外包で覆われていて、保温効果を高めている。製品の中の巣に綿が被せられているのは、この状態を再現するため。白いのが蛹で、茶色いのが幼虫や卵の部屋

すべきである。

くり返しになるが、バイトマークで重要なのは、その色の濃さよりも、ハウス内全体に80〜90％の割合でまんべんなくバイトマークが残されていることが重要となる。バイトマークが飛び飛びになる、つまり訪花率が低下するとそれに比例して結実率も低下する。

このタイミングであわてて新たなマルハナバチの巣箱の発注をして導入しても、数日間の受粉の〝谷〟ができることになり、収量の減少につながりかねない。

また、人間は作物の受粉を目的としてマルハナバチを利用している。いっぽうで、マルハナバチが積極的に花を訪れる目的は、主に幼虫の食料となる花粉を集めることである。巣の中で幼虫が育っていなければ、いくら働きバチたちが元気でも、訪花（＝採餌）活動をすることはない。そのため、他にマルハナバチの訪花活動を阻害する要因がなければ、巣の中で幼虫がちゃんと育てられているかどうかは、巣の中の状態を確認しなくても、働きバチたちの訪花活動の状態で判断することができる。

巣の出入りが積極的に行なわれているか、特に後脚に花粉団子をつけた働きバチが帰ってきているかが、トマトに限らずどの作物でも共通した活動のバロメーターになる。

オスの発生は巣が終わりに近づいた証拠ではない

マルハナバチの一般的な生活史では、巣が終わりに近づいてくると生殖能力のある新しい女王バチや雄バチが生まれるという説明がなされることが多い（16ページ参照）。そのため、雄バチがハウス内を飛び回ると巣の寿命が終わりに近づいたと判断されること

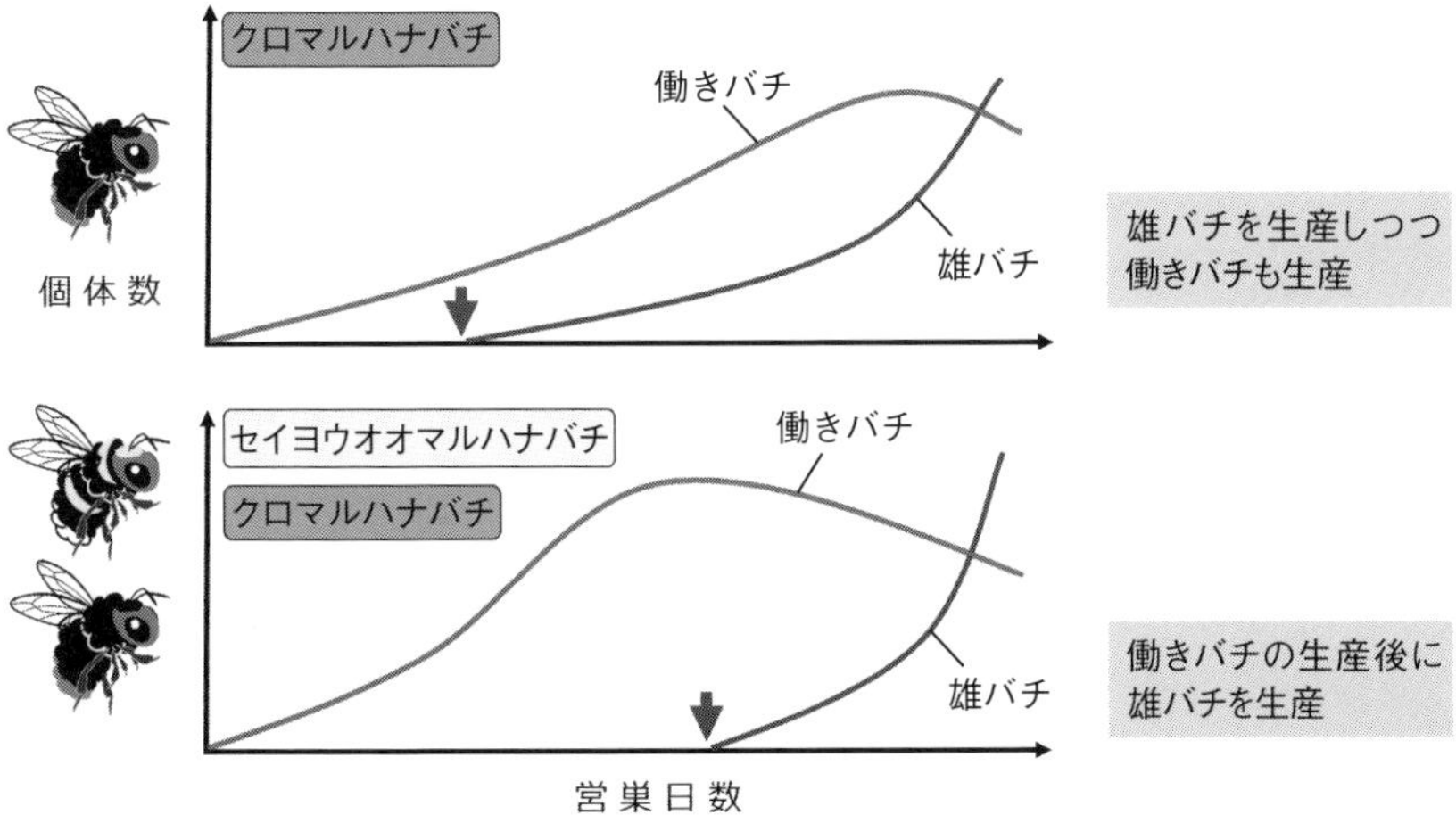

図2－13　クロマルハナバチは雄バチが生まれた後も働きバチを産む（原図：神戸・光畑）
クロマルハナバチには、セイヨウオオマルハナバチと同じパターンの巣もある

写真2－30　雄バチ（矢印）よりも後に生産された羽化したての働きバチ（白丸）

がある。

しかし、在来種のクロマルハナバチの場合、働きバチと雄バチを同時に生産したり、早い段階で少しだけ雄バチを生産したりして、また働きバチの生産に戻ることがしばしばある（図２—13、写真２—30）。

これは、クロマルハナバチの分布域である日本の本州以南の気候に深く関係があると推測される。それは梅雨と盛夏である。梅雨時には雨天が多い。雨天が続けば野外での訪花活動の機会が減り、巣の存続が危ぶまれる。そして続く盛夏は、春や秋に比べると花が少ない。こちらもエサ資源が乏しいことにより、やはり巣の存続が危ぶまれる。また、秋の台風も巣の存続を妨げかねない。このような気候に適応し、環境条件を乗り越えて子孫を残すために、途中で繁殖能力のある雄バチを生産するものと考えられる。

もちろん、クロマルハナバチでも最終的には働きバチの生産が止まり、新女王バチや雄バチの生産に完全に切り替わるため、巣の終焉が近づくと、ハウスの中で飛んでいる雄バチの比率が高くなる。ただし、雄バチの存在の有無だけでは巣の寿命は判断できない。やはり、巣の寿命を判断する材料は、働きバチの訪花活動の証であるバイトマークを確認することが最も重要であることに変わりはない。

5 巣の寿命と更新

巣箱の更新はどうすればよいか

古い巣箱と新しい巣箱は並べて置かない

ハウスに複数の巣箱を設置する方法を64ページで説明した。その中で、他の巣への「ドリフト（迷い込み）」が巣箱の寿命を左右することについても述べた。このドリフトは、特に巣箱の更新時に、古い巣箱と新しい巣箱を並べて置くと、新しい巣箱から古い巣箱に働きバチが迷い込む傾向が強い。

この場合、働きバチが増えた古い巣は活動が活発になるが、それは一時的なものでしかない。いっぽうで、働きバチを取られてしまった新しい巣は、たくさん抱えている幼虫に与えるのに十分な花粉を集めてくることができなくなる。このため新しい巣箱は、巣を発達させることができず、利用期間が短くなる。

利用期間が終わりに近づいた古い巣箱と、新たに導入する巣箱を同じハウスに設置するときには、並べて置かないようにする。

古い巣箱を残したい場合は違うところに置き直す

巣箱を更新する際、「新たに迎えた巣箱の活動が確認できるまでは、古い巣箱も残したままにしたい」と考える生産者が多い。

その場合には、まず古い巣箱を今までとまったく異なる場所に移動させる。そのうえで、これまで古い巣箱が置いてあった、日よけなどが施された従来の設置場所に新しい巣箱を置くようにするとよい（図2―14）。古い巣箱の移動先は、新しい巣箱の設置場所からなるべく離した、これまで巣箱を置いたことがないような管理作業に邪魔にならない場所で、日よけなど

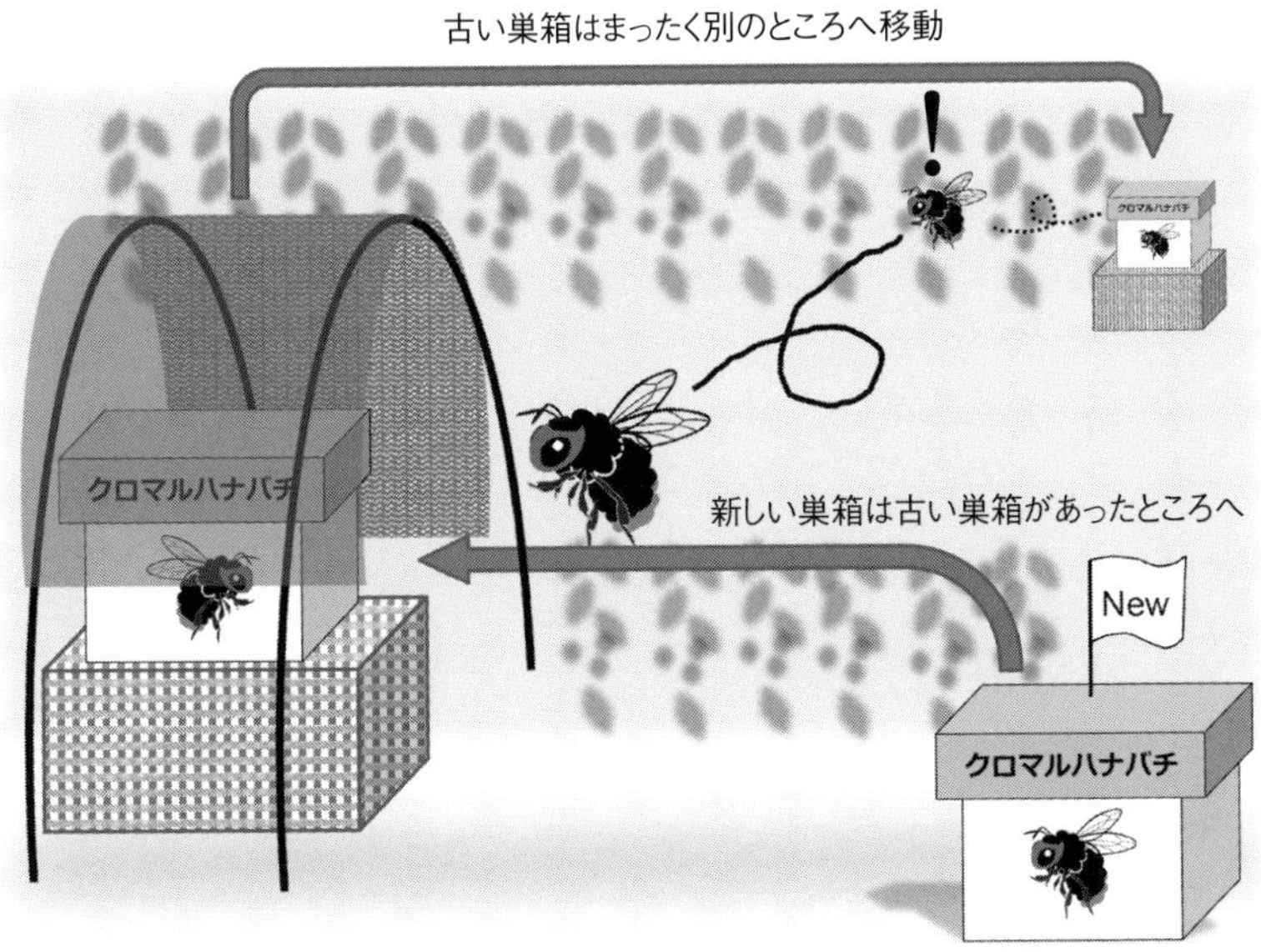

図2－14　巣箱の更新方法

もしない簡易的な方法（例：コンテナを逆さまにした程度の台の上）で十分である。

マルハナバチなどのように巣を生活の基本単位としている社会性昆虫は、帰巣能力が高く、空間認識に優れる。これは学習による記憶が深く関与しているが、ミツバチなどでは学習によって得られた記憶は20日程度維持されていることがわかっている。マルハナバチも同様に、巣箱があった場所や周辺環境をよく覚えていて、まったく違う場所に置かれた巣から飛び立った働きバチが、もともと巣箱があった場所に戻ってきてしまう様子はハウスの中でもよく観察される。

ここで紹介する巣箱の更新方法は、この記憶力の高さを逆手に取ったやり方で、移動した古い巣箱から飛び立った働きバチを、もともとの置き場所に設置された新しい巣箱に迷い込ませることで、新しい巣箱によりたくさんの花粉が運び込まれるように仕向ける。

なお、新しい巣箱が正常に訪花活動を始めたことが確認できれば、古い巣箱は出入り口を閉めるか、遅くとも1、2週間後にはハウスの外に撤去するようにする。

古い巣箱が半年近く活動している!?

複数の巣箱を同時に導入しているハウスでは、半年近く巣箱が活動しているという話を聞くことがある。

これはもちろん、先に記したような環境や花の状態などが好条件であったために巣箱が長く続くことができた可能性も否めない。しかし、多くの場合は、古い巣箱と新しい巣箱が同じところにあることで起こる「見かけの活動」と推測される。

つまり、新しい巣箱の働きバチがドリフトにより、古い巣箱に出入りしているため巣箱が長く活動しているように見える現象である。

古い巣箱の中では、すでに母女王バチが死亡しているが、一部の働きバチが擬似女王バチとして卵を産み、雄バチの生産を細々と続けている。その細々と育てられている幼虫のために、新しい巣箱から迷い込んだ働きバチが花粉を運んでくれているというのが、「見かけの活動」の正体である。

しかし、この長く続いているように見える古い巣箱の活動量は、新しく幼虫をたくさん抱えた巣箱の活動量に比べると弱々しく、ハウス内の受粉に十分役立っているとはいえない。よほど活発に巣箱の出入りが確認できない限りは、撤去したほうが得策といえる。

使い終わった巣箱は殺処分

子育てが終わり、新しいハチが生産されなくなるとその巣は営巣活動の終わりを意味する。それを「解散」と呼ぶ。解散を迎えた巣には、働きバチが生き残っていることもあるが、子育てを行なっていない限り、巣としての機能もなければ、ましてやハウス内の受粉の役には立たない。

このような巣は、野外に放して生態系に影響を与えることがないよう法律でその処分を義務づけられているセイヨウオオマルハナバチはもちろん、在来種のクロマルハナバチも殺処分を行なう。

殺処分は、糖液タンクを外し、巣が収納されているプラスチック製のかごの部分だけを、そのままビニール袋に入れ、口を閉じる。その袋を日に当てておけば袋の中が高温になり、残った働きバチを蒸殺することができる（図2―15）。また、殺処分後の巣箱は、プラスチック、段ボールなど部材ごとに各自治体の条例に従って廃棄する。

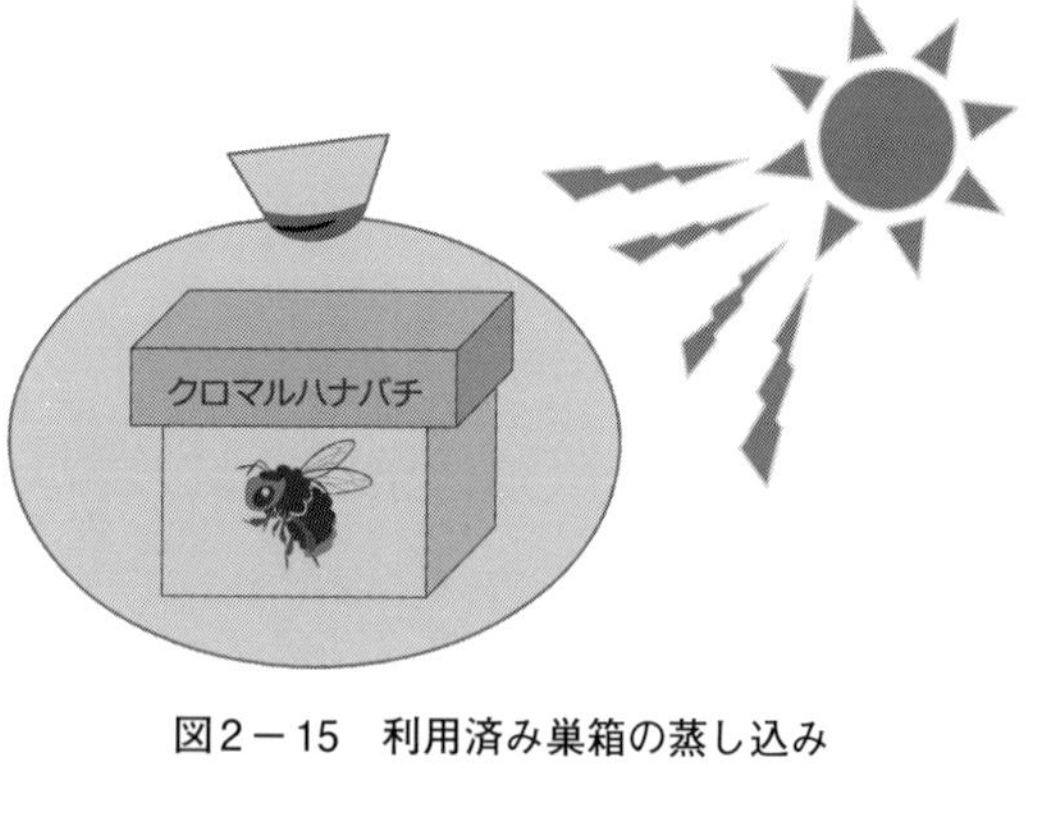

図2―15　利用済み巣箱の蒸し込み

コラム④ マルハナバチの雄バチ

マルハナバチは、ミツバチやスズメバチ、アリなどと同じく、ハチ目の中でも高度に進化した社会性を持つ「真社会性」のハチである。

これらのハチの社会は基本的にメス社会であり、同じ受精卵から生まれた女王バチと働きバチ（ともにメス）で構成されている。いっぽうで、雄バチはこの社会性の維持に貢献することはなく、次世代を担う新たな女王バチの交尾相手として生産される（写真2−31）。

写真2−31　クロマルハナバチの雄バチ。針は産卵管が変化したものなので、針を持たない雄バチは刺さない

この雄バチは雌バチ（女王バチと働きバチ）と異なって、未受精卵から発生する。基本的には、母女王バチが産卵するときに蓄えている精子をかけずに産卵すれば、未受精卵が産み落とされ、雄バチとして産み分けられる。

マルハナバチの雄バチは巣の中で、他のメスの幼虫と同じように花粉を与えられて育つが、成虫として羽化すると数日で巣から出て行き、基本的には巣に戻ることはない。他の巣から生まれた新しい女王バチ（新女王バチ）と交尾をするために、一定の場所を周回して飛び（テリトリーフライトと呼ばれる）、交尾の機会を待つ。この交尾行動についての野外での行動においてはまだまだ明らかになっていない点も多いが、ハウス内でもその行動の一部を垣間見ることができる。

マルハナバチの雄バチは蜜を飲むために花を訪れるが、トマトの花は蜜がないために、訪花することはない。花に寄りつくことなく、うね間を飛び回り、ときおり葉や誘引線などに着地して歩き回るような行動が、先のテリトリーフライトであると考えられる。

在来種のクロマルハナバチは、外見上すぐにその体色から雄バチか働きバチかを見分けることができるが（体色が黒と黄の縞模様なのが雄バチ）、雌雄で体色が変わらないセイヨウオオマルハナバチも、この行動を見ていると雄バチか働きバチかの判別がつく。

コラム5 働きバチの産卵

真社会性の生活を営むマルハナバチの巣は、女王バチを中心に繁殖能力のない働きバチで構成されている。

働きバチは、花から蜜や花粉などのエサ資源を求めて巣外で活動を行なう外勤バチと、巣の増設や幼虫への給餌など巣内での活動を行なう内勤バチとで分業している。

基本的には、この働きバチたちの統制を女王バチがフェロモンなどの化学的なものや、あるいは物理的な方法でコントロールしているとされているが、第1章でも述べたように、女王バチの寿命は約1年で、巣が成熟して大きく発達するにつれて女王バチの勢いは衰えてくる。営巣活動も終わりに近づいて、女王バチが衰えたり、死滅したりすると、働きバチの中から擬似女王バチとして産卵する個体が出現する。これを「働蜂産卵《どうほうさんらん》」という。

働きバチもメスであり、マルハナバチの場合、女王バチも働きバチもその体の構造はほとんど変わらない。女王バチによる統制がなくなると、産卵管が発達し、卵を産める体になる個体が出てくる。

働きバチは交尾をしていないので、受精卵を産むことはできないが、未受精卵を産むことはできる。つまり、自身の息子を産むことができる（コラム④参照）。女王バチも未受精卵を産み、雄バチを生産することができる。女王バチが産んだ雄バチは、働きバチからすると〝弟〟にあたるが、自身が産んだ〝息子〟に比べると遺伝子のつながり（血縁度という）が少ない。くわしい説明はここでは避けるが、社会性の働きバチは自身よりも他者の利益のために動く「利他的」な存在として知られ、マルハナバチの巣の中では、自身の子孫を残すための競争が母と娘の働きバチの間でも行なわれている。女王バチが死んでも、擬似女王バチと数頭の働きバチが居続ければ、雄バチを生産して、巣としては存続することができる。

類似の生態はスズメバチなどでも見られ、百田尚樹氏の「風の中のマリア」（講談社文庫）でも描かれている。

第3章

各種果菜類・果樹での利用法

1 ナス

導入の利点は何か

写真3－1　ナスのハウス内で訪花活動するクロマルハナバチ
後脚に大きな花粉団子を抱えている

ホルモン処理、花抜き作業の手間いらず

マルハナバチはその約8割がトマトや中玉、ミニトマト向けに利用されていると推定される。しかし、近年ではその利用される作物種の範囲はどんどん広がりをみせている。なかでも多くの産地で導入が進められているのが、施設ナスである。

ナスは、トマトと同様に葯が下向きに突出した構造の花を咲かせる。マルハナバチの振動採粉と呼ばれる花粉を得る方法は、ナスの受粉にも適している（写真3―1）。

ナスの着果においてもトマト同様、マルハナバチなどの受粉昆虫を利用しない場合には、植物調整剤による人工受粉作業（ホルモン処理）が必要となる。さらにナスの場合には、トマトと違って花の咲く場所がばらばらであるため、花を探しながらの作業となることから、ホルモン処理は年間労働時間の20％に相当するというデータがある。

また、ホルモン処理によるナスでは、肥大過程の果実の横などに花がらが残り、灰色かび病の発生原因になるだけでなく、着色にも影響を与える（米ナスは除く）ことから「花弁取り」「花抜き」と呼ばれる作業が必要になる。

いっぽうで、マルハナバチ受粉のナスでは、しおれた花がらが果実の先端から自然に落ちるため、ホルモン処理

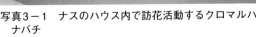

表3－1　ナスの受粉作業における労働時間比較（時間／10a）
（竹内、2000を一部改変）

処理方法	作業	4月	5月	6月	合計
マルハナバチ区	受粉作業	4.4	0	0	4.4
	花弁除去	35.3	18.7	22.7	76.7
	合計				81.1
ホルモン処理区	受粉作業	36.5	45.0	15.3	96.8
	花弁除去	36.5	44.5	39.8	120.8
	合計				217.6

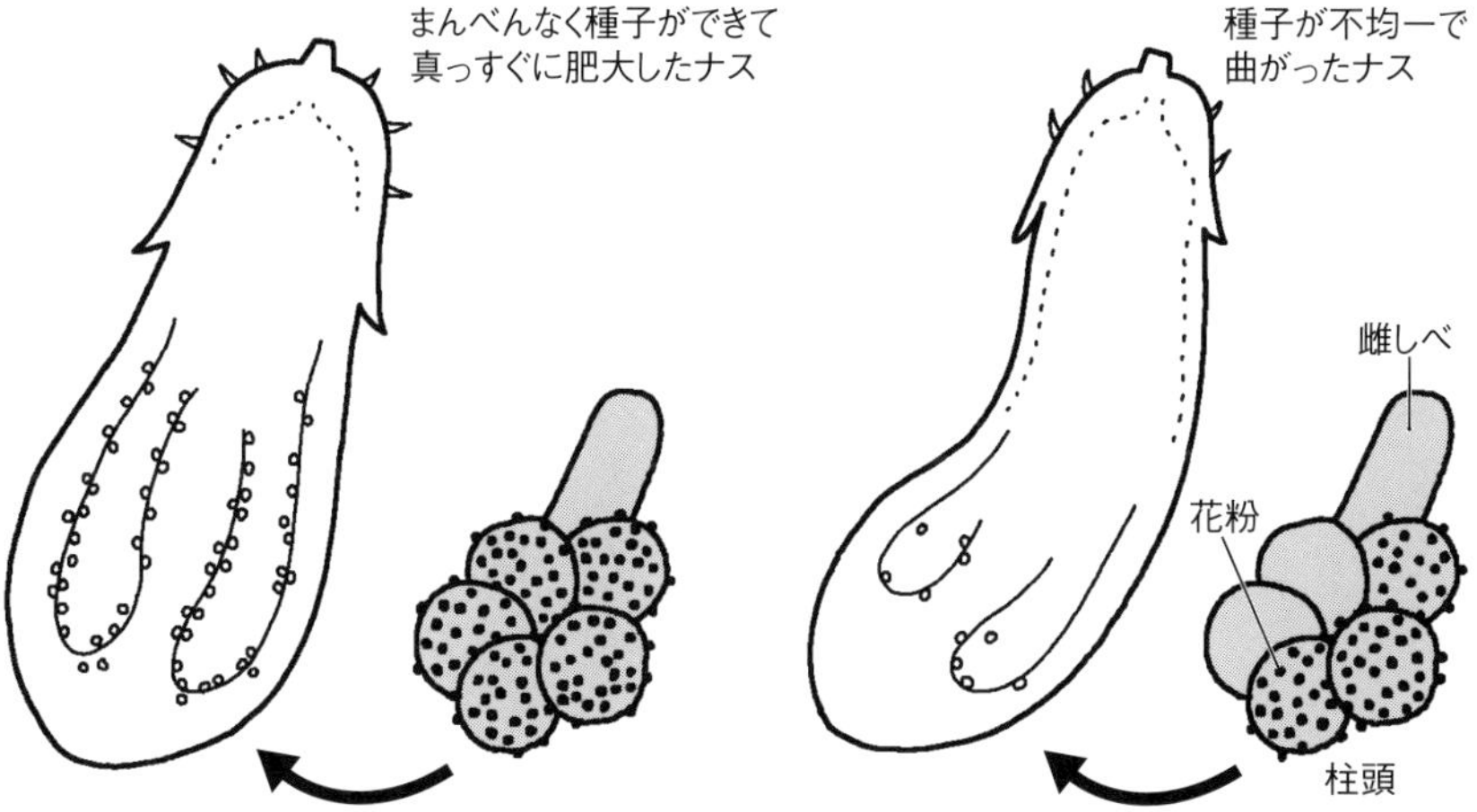

図3－1　おいしいナスには種子（タネ）がある

だけでなく「花弁取り」「花抜き」の労力削減にもつながることがわかっている（表3―1、花がらの自然落下のしくみは25ページ参照）。

糖度が1～1・5度上がる

加えて、トマトと同じくホルモン処理によって着果したナスの果実内には、やはり種子がない。しかし、マルハナバチによって受粉されたナスには種子がある。このことがトマトと同様に、果実内の成分要素に影響して、特に糖度においてはマルハナバチが受粉したナスのほうが1～1・5度程度高くなり、食味が向上することも知られている（図3―1）。

1 ナス

うまく利用するコツとは

追肥は2割増やす

マルハナバチで受粉したナスの果実には種子が入り、糖度も高くなることから、ホルモン処理をしたときと比べてナスの樹にかかる着果負担は大きくなる。

そのため、接ぎ木栽培でマルハナバチを利用する際には、樹勢をより強く維持できるトルバム・ビガーやトナシムなどの台木が選定されることが多い。

また、着果負担による樹勢低下を軽減するために、追肥を2割程度増すことも指導されている。

なかには、この樹勢の低下対策として、「無駄花」と呼ばれる短花柱花の処理で対応している生産者もいる。短花柱花は子房が小さいため、等花柱花や長花柱花に比べて肥大日数がかかることが知られている（写真3―2）。そのため、短花柱花の実は「ボケ果」や「石実」と呼ばれる奇形果になりやすく、これらの実を摘果せずに成らせ続けることは樹勢の低下につながる。そこで樹勢の低下が著しい場合には、これらの短花柱花の花を積極的に摘花することで樹勢維持を図る方法もある。

いっぽうで樹勢が強く、栄養生長に偏っている株に対しては、奇形果を摘果せず、逆に着果負担をかけることで

写真3－2　短花柱花（左）と長花柱花（右）

雌しべが葯の束から見えることでその差がわかる

樹勢を落ち着かせることも一つの方法である。

受粉可能面積はトマトやイチゴより少ない

ナスはマルハナバチが利用される作物の中でも、1花から得られる花粉量が多いことが特徴である。1花当たりの花粉量が多いということは、働きバチはたくさんの花を回らなくても、すぐに花粉を積載量満杯になるほど集められる。つまり、働きバチが出巣してから帰巣するまでに訪花する花数は、トマトやイチゴに比べて少なくなる。

そのため、マルハナバチ商品1群当たりの受粉可能面積はトマトやイチゴと比較して少なく、1群当たりの適正利用面積は品種にもよるが一般的に500〜700m^2になる（35ページ）。

ハチが少ないと奇形果が増える

特に、「黒陽」や「筑陽」などの長ナス品種の場合には、1群当たりの適正利用面積を超えて使用すると、曲がり果などの奇形果が発生しやすくなり、留意が必要である。

ナスの果実が曲がらずに真っ直ぐに肥大するためには、種子が均一に入ることが必要であり、そのためには雌しべの先端（柱頭）に花粉が均一につく必要がある（図3—1）。ナスの花は大きく、その雌しべの先端（柱頭）も大きいため、雌しべに十分量の花粉を運んでもらうためには、働きバチが同じ花に対して複数回通う必要がある。つまり、他の作物に比べてナスの場合には、花の数に対して、働きバチの活動量や個体数が少ないと奇形果が発生しやすくなる。

柱頭に花粉を十分運んでもらうためには、葯の先端よりも柱頭が下に位置する長花柱花か、同じ位置にある等花柱花を多く咲かせる温度管理や樹勢管理が大切である。

また促成栽培では、花粉の稔性と量を維持するために厳寒期の夜温管理に留意することは、トマトなど他の作物と同じである。ナスの場合には、最低夜温14℃を維持するよう心がけるとよい。

でっかいハチが飛ぶのは訪花が活発な証拠

前述のように、ナスは花粉量が多い。他の作物に比べて、マルハナバチは多くの花粉を巣箱に運び入れることができるため、トマトなどに比べると巣の規模が大きくなる傾向がある。巣の規模が大きくなるということは生まれてくるハチの個体数が多いということとであり、蜜の消費量も多くなる。ナスで利用する場合にも、必ず糖液の補給場所は用意するようにしたい（糖液については54ページ）。

また、花粉量が多いナスでの利用の場合、生まれてくるハチの中には、働きバチや雄バチだけでなく新女王バチも数多く羽化してくることがある。特に新女王バチは働きバチに比べて体のサイズが大きく、大きなハチがハウス内を飛び回っている様子を見て驚き、「女王バチが巣から出てきてしまって大丈夫か？」という問い合わせを受けることがある。

基本的に、巣を創った母女王バチ（創設女王バチ）は、大きく発達した巣から出て飛び回ることはない。なお、新女王バチが出てきても、巣が終焉を迎えることはない。むしろ新女王バチのように大きなハチを生産するときには、たくさんの花粉を必要とするため、働きバチの訪花活動は非常に活発になる。花粉資源が豊富な環境のよいハウスでは、ナスの花にはっきりとしたバイトマークが確認できるだろう。

活動の確認はやっぱりバイトマーク

ナスの花も、トマトと同様に葯が下向きに突出した特殊な形状をしている。また、蜜も分泌しない。マルハナバチはナスの花に対しては花粉のみを求めて訪花する。花粉を集める行動（採粉行動）はトマトのそれとほぼ同じで、葯にはかみ跡＝バイトマークが残る。ナスの花の葯はトマトの葯ほど集束していないため、トマトほどはっきりとしたバイトマークが残ることは少ないが、確認することができる（写真3—3）。ナスでもトマトと同様にマルハナバチの活動の確認はバイトマークを基本とする。

写真3－3　ナスの葯についたバイトマーク（矢印で囲われた部分）

葯が大きく集束していないため、トマトのそれと比べると少し薄く、線状になることも多い（カラー口絵（6）ページ）

ミツバチはナスの受粉には不向き

産地によっては、ナスの受粉にミツバチが利用されていることもある。ヨーロッパなどでも施設ナスの受粉にミツバチが利用されていたときがあったが、いまはマルハナバチの利用に戻っている。

下向きに咲くナスの花の構造上、ミツバチにとっては得意な花ではなく、ナスのハウスで利用されたミツバチの巣は、利用者がきちんと管理しない限りほとんど発達しないことが多い。

また、国内におけるハウスナスの栽培は冬越しの促成栽培が多く、厳寒期にはミツバチの活動が鈍くなることもあり、ナスでのミツバチ利用が盛んな高知県でも厳寒期にはマルハナバチと併用していることが多い。ミツバチとマルハナバチの併用については次項のイチゴを参照のこと。

2 イチゴ

なぜイチゴでマルハナバチか

ミツバチは低温に弱い

ハウスイチゴの受粉はその90％以上がミツバチによって行なわれている（写真3―4）。ミツバチは優秀な送粉者（花粉媒介者）であり、わが国のハウスイチゴの受粉には欠かせない存在である。しかし、約50～60年前からイチゴの施設化が進むと同時に普及してきたミツバチの利用について、利用現場ではその生態や利用方法が熟知されているようで、されていない実態がある。

特に、冬越しの促成栽培において、いくら施設内とはいえ厳寒期にミツバチに積極的な訪花活動を期待するのは酷な話だ。国内の作物受粉に利用されているミツバチはセイヨウミツバチが主流。セイヨウと名はついているが、セイヨウミツバチはもともとアフリカ大陸起源のハチである（図3―2）。よって、低温はそれほど得意ではない。

また、ミツバチは彼らの食料であるハチミツをわれわれ人間がわけてもなお生活できるほど、エサを巣にためる能力（＝貯食能力）に長けており、花が濡れたりしてエサを集める効率が悪くなる曇りや雨の日に、わざわざエサを集めるための外勤行動はしない習性がある。施設の中に雨が降ることはないが、彼らは紫外線強度や気圧の変化を敏感に読み取り、天候のよしあしを把握して巣外での活動を控えてしまう。

天候に敏感なのはマルハナバチも同様だが、マルハナバチは貯食能力が低い代わりに、雨の影響を受けにくい下向きに開花する花でも蜜や花粉を集める採餌能力が高いことから、多少の天候不順でも活動する（写真3―5）。

マルハナバチは寒さや天候不順に強い

2009年、わが国では花粉交配用ミツバチの不足が大きな問題になった。その要因は欧米で起こっていたCCD（蜂群崩壊症候群）とは異なり、いくつもの要因が重なって起こったと推測される。

ミツバチはマルハナバチと異なり、その飼育、増殖は屋外の森や野原など自然の中で行なわれる。そのため、ミツバチのコロニーの発達、群数の増加は、その年の気候条件、自然の開花量などに大き

写真3－4　イチゴのハウスで活躍するセイヨウミツバチ

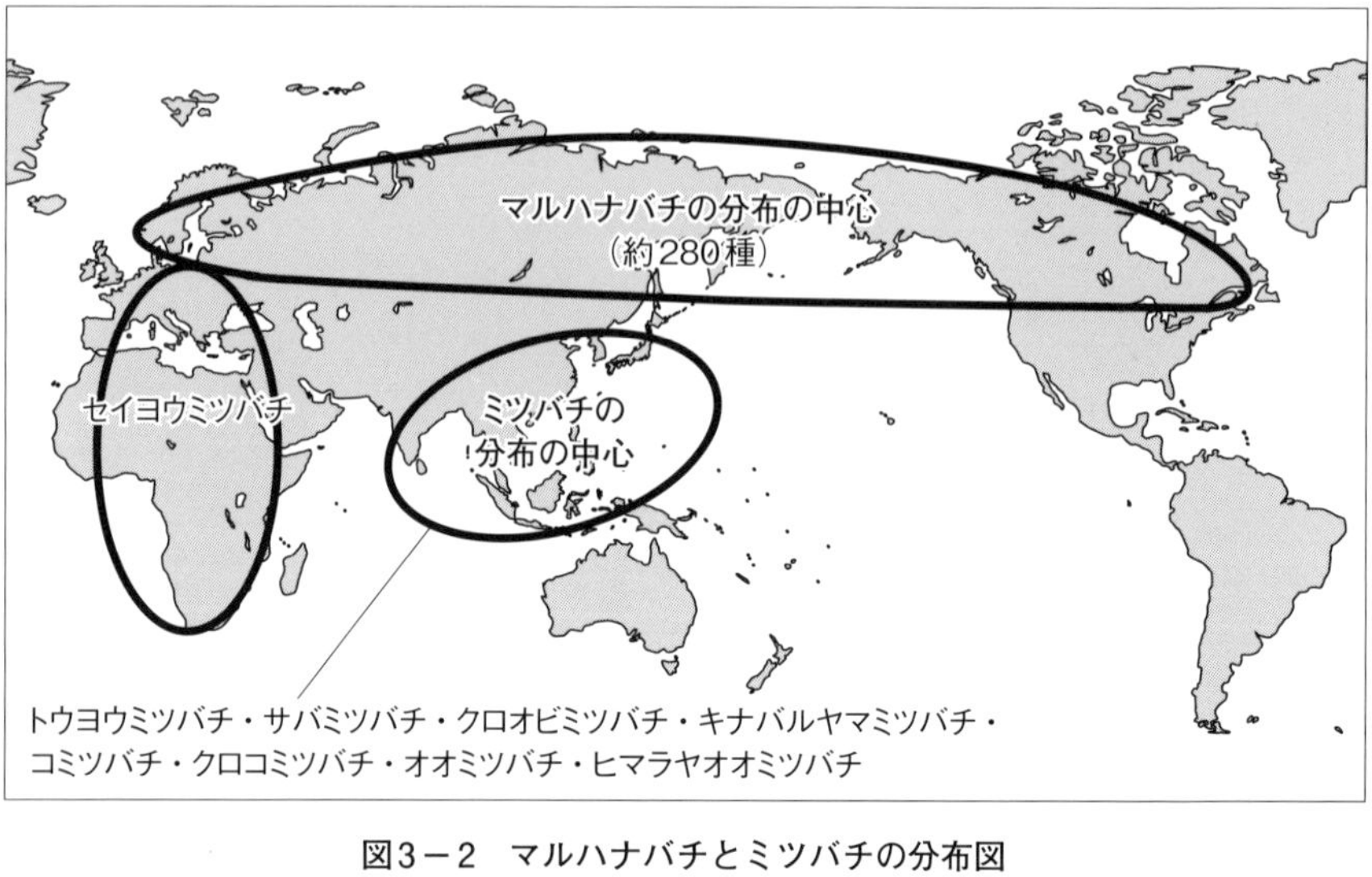

図3－2　マルハナバチとミツバチの分布図

く左右される。

また、近年では寄生性生物であるミツバチヘキイタダニの薬剤抵抗性発達による被害の拡大なども、ミツバチ群の維持に大きな影響を及ぼしている。2009年のミツバチ不足はこれらの要因が重なり、引き起こされたと推測される。

このミツバチ不足によるイチゴの受粉の危機に、その代替技術として利用されたのがクロマルハナバチである。

マルハナバチは自然界でもバラ科の植物を訪花対象としている。よってイチゴにもよく訪花する。イチゴのハウス内では、マルハナバチの働きバチ1頭が1日約3000輪の花を回り、1群でおおよそ2000m^2を受粉することができる。

マルハナバチはミツバチと比べると1群当たりの利用期間が短く、マルハナバチだけで促成作のイチゴを受粉させようとすると、期間中に2～4回、巣箱を買い直す必要がある。にもかかわらず、ミツバチ不足が解消された2010年以降も、イチゴのハウスでもマルハナバチが利用され続けた。それは、マルハナバチがエサをためる能力が低い代わりに多少の悪天候でも蜜や花粉を集めることや、もともと温帯の北部地域を中心に分布していることから寒さに強いという習性を持つからである。

写真3－5　ハウス内でイチゴの花を訪れたクロマルハナバチ
後脚にイチゴ特有のこげ茶色の花粉団子が見える（カラー口絵（6）ページ）

併用すれば30％増収する

冬越しの促成栽培イチゴの悩みの一つに、厳寒期にミツバチの活動が低下することによる奇形果の発生頻度が高くなり、秀品率が低下することがあげられる。

すでに述べたようにミツバチは、低温や天候不順条件下では訪花活動が著しく低下する。年によっては冬場に曇天が続いたり、日中の気温が上がりきらずに着果率そのものが低下することもある。この厳寒期におけるミツバチの活動不足を補完してくれる存在が、マルハナバチというわけである。

われわれの試験の結果、マルハナバチを導入している施設では、特に厳寒期での収量が30％程度増加することがわかった。その後も試験をくり返し行

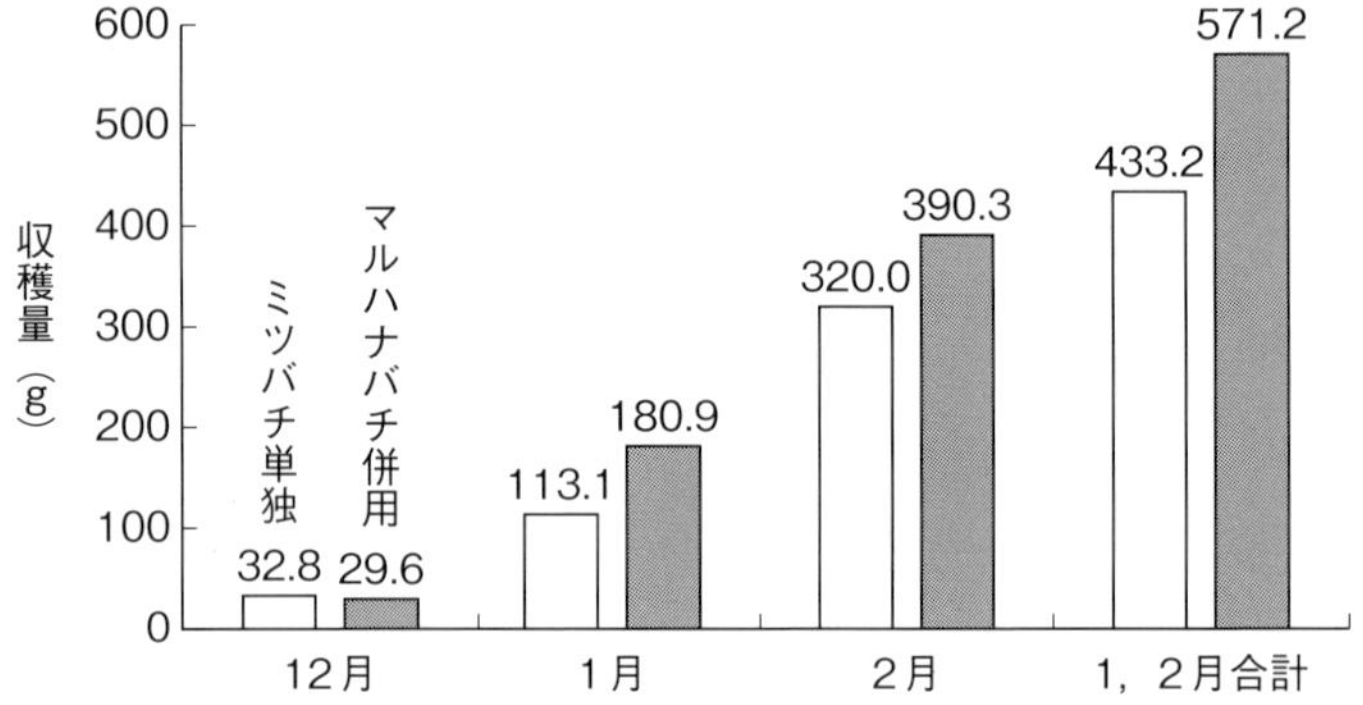

図3－3　マルハナバチ併用とミツバチ単独利用によるイチゴ（とちおとめ）の収量差

2012年1月18日より約60日間クロマルハナバチを導入。導入後1カ月後よりミツバチ単独区との収量調査を実施

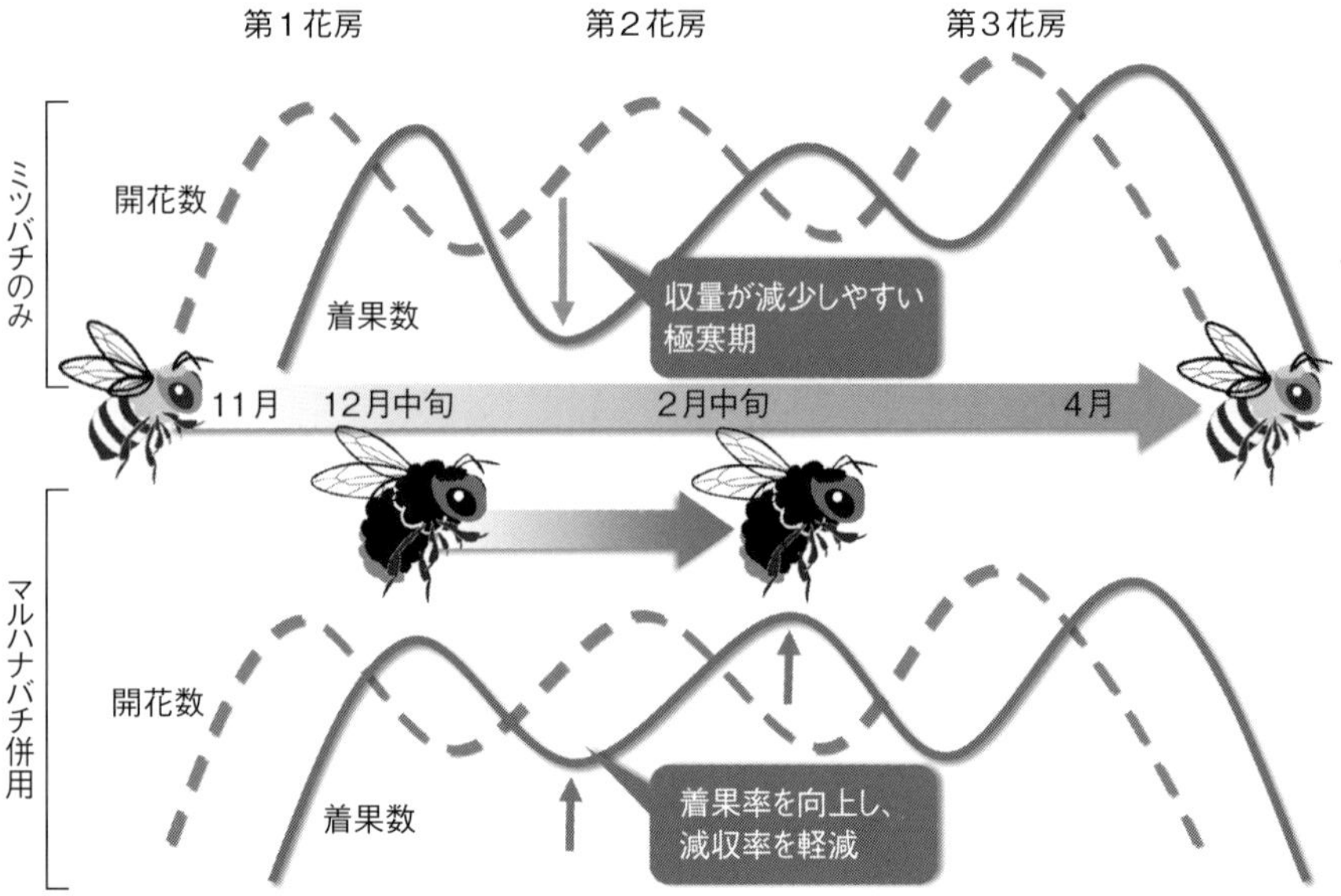

図3－4　ミツバチとマルハナバチを併用する際のマルハナバチ導入タイミングの一例

なっているが、土耕栽培でも高設栽培でも同様に30％程度の増収が認められている（図3―3）。

マルハナバチの特性やその導入コストなどを踏まえて考えた場合、ミツバチとマルハナバチの併用は、第1花房のピークが過ぎて第2花房のトップ花（頂花）が開花する直前頃から導入を始めるのがよいと考えられる。収量が減少しやすい厳寒期を乗り切り、費用対効果もいちばん高い利用方法ではないかと考えられる（図3―4）。

2 イチゴ

うまく利用するコツとは

巣箱は必ずハウスの中に、日よけをして置く

イチゴの受粉用に流通もしくは貸し出されているミツバチの巣箱は、木製や耐水性の高強度の段ボールで作られている。地域によっては簡単な雨よけだけで、巣箱をハウスの外に設置されているケースも見られる。しかし、マルハナバチの巣箱は施設内での利用が前提のため、巣箱の強度や耐水性能は高くない。よって、マルハナバチの巣箱は必ず施設内に設置する。

また、マルハナバチは地中に巣を作る習性があるため、巣箱には必ず日よけをして、直射日光が当たらないようにする（39ページ参照）。

イチゴの施設ではCO_2を施用する施設が多く見られるが、CO_2を早朝から施用している施設では巣箱を成人男性の腰よりも高い位置に置くようにする（37ページ）。CO_2濃度の上昇は植物にはプラスの効果をもたらすが、ハチ、特に巣箱内の幼虫の発育にはマイナスの影響を及ぼし、巣箱の寿命が短くなることにつながる。よって、ミツバチについても同様の注意が必要である。

巣箱はミツバチとなるべく離して置く

マルハナバチとミツバチは同じハウスに入れておいても殺し合いの喧嘩をするようなことはない（カラー口絵(6)ページ）。

マルハナバチはミツバチに比べると体のサイズが大きく、イチゴ農家にミツバチを貸している養蜂家でさえ、マルハナバチがミツバチの群れに何か悪影響を及ぼすのではないかと心配する人がいる。しかし、体つきが大きいからといって、キイロスズメバチやオオ

写真3－6　イチゴの過剰訪花（左）とそれが原因で発生したと考えられる奇形果（右）
雌しべが黒くなった部分は種と果肉の肥大が見られない

スズメバチのようにミツバチを襲うようなことはない。マルハナバチはミツバチと同様に花粉をタンパク源としており、他の昆虫の肉は食べない。

むしろ、何かあるとすればマルハナバチにちょっかいを出すのはミツバチのほうである。ミツバチには、巣内の蜜が枯渇すると「盗蜜」と呼ばれる、他巣に侵入して人様の蜜を持ち逃げする習性がある。

イチゴのハウス内（前項のナスでも同様）で、蜜が不足したミツバチがマルハナバチの巣箱に侵入し、マルハナバチの巣の蜜をすべて盗み出し、マルハナバチを餓死させた事例がある。いっぽう、マルハナバチがハチミツのにおいに誘われてミツバチの巣にしつこく侵入しようとすると、マルハナバチの何頭かは襲われて死ぬこともある。マルハナバチがミツバチの巣にすんなり入れるような状況が見られた場合は、そのミツバチの巣は恒常性を失い、衰退している証拠である。

互いの平和のために、ミツバチの巣箱とマルハナバチの巣箱はなるべく離して設置するようにしたほうが無難であろう。

過剰訪花にならない管理

マルハナバチの通常規模の巣（群）であれば、1群で20ａのイチゴ施設をマルハナバチだけでも受粉することができる。

マルハナバチは巣の規模がミツバチに比べて小さく、働きバチの個体数も40分の1程度と非常に小さく、頼りなく感じる。しかし、マルハナバチの働きバチは1日に1頭でイチゴの花を約3000花回る。10頭程度の働きバチで3万個もの花を受粉する能力があり、貪欲にイチゴの花から蜜や花粉を集めようとする。よって、花房と花房

コラム❻ ミツバチとマルハナバチの違い

マルハナバチとミツバチは、同じミツバチ科に属する。花から得られる蜜や花粉をエサ資源として、女王バチを中心とした社会生活を営む。共通点も多いが、その生態や習性には異なる点も多い（表3―2）。

単純にいうと、ミツバチはエサを巣にため込んでいるので、天候不順など条件が悪いときには仕事はしない。いっぽう、巣も貧弱で巣の中にエサをためる能力が低いマルハナバチは、文字どおり「貧乏暇なし」で、多少の悪天候や低温でも活動しなければならない。

この生態の違いは、それぞれが生活してきた地域の環境に適応して獲得してきた結果である。どちらが受粉昆虫として優れている、利用価値があるということではなく、これらの活動習性を把握して、適材適所に使い分けや併用を考えたい。

表3－2　マルハナバチとミツバチの違い　（小野、1999を改変）

	マルハナバチ	ミツバチ
分布の中心	北半球の温帯、亜寒帯	アジア、欧州、アフリカ
活動限界温度	6℃前後	10℃
悪天候時の活動	中	低い
振動採粉	可能	不可
ナス科への訪花	強い	弱い
採餌距離	数百m	数km
狭い空間への適応	高い	低い
UVカットフィルムの影響	少ない（除去波長による）	大
コロニーサイズ	数十～数百	数千～数万
巣の構造	水平、不定形	垂直巣板
働きバチの大きさ	バラつきが大きい	一定

の端境期である〝谷〟と呼ばれる花の少ない時期や、少面積での利用の場合には、過剰に訪花することになって逆に奇形果が発生することがある（写真3―6）。

その場合には、3棟程度までのハウス間を移動させるローテーション利用（63ページ）や、1日活動させて2～3日は巣箱に閉じ込めて活動制限をしながら利用するという工夫が必要となる。このような活動制限をしたり、ハウス間を移動させたりしながら利用できるのもマルハナバチの利点であり、ミツバチとは大きく異なる点といえる。

マルハナバチの活動を制

限して巣箱に閉じ込めている間は、商品に添付されている乾燥花粉を与えるようにする。活動させているときでも過剰訪花を緩和したり、巣箱の利用期間を長引かせたりする意味でも、乾燥花粉を積極的に給餌することは有効である。なお、この花粉はミツバチにも与えることができる。

3 ウリ類

うまく利用するコツとは

手間がかかる人工受粉

トマト、ナス、イチゴと同様に施設栽培が盛んな作物がキュウリやメロンなどのウリ科作物である。マルハナバチの利用技術が発祥したヨーロッパでは、施設栽培のウリ類にもマルハナバチが盛んに利用されている（カラー口絵(7)ページ）。

いっぽう、わが国のメロンとスイカでは、その受粉にミツバチが多く利用されている。ただし、産地によってはまだまだ人工交配（手交配）が行なわれているところも少なくない。これは近年栽培が盛んになりつつあるズッキーニやニガウリなど他のウリ科作物でその傾向が強いように感じられる。

ウリ類では、雄しべの機能と雌しべの機能を別々の花で咲かせる「雌雄異花」もしくは「単性花」が一般的な開花習性である。同じ花の中に雄しべと雌しべを持つ「両性花」とは人工交配の方法も大きく異なり、ウリ科作物では雄花もしくは雄しべを採取し、雌花に押し付けて受粉させるため、とても手間がかかる。

訪花活動は花弁の足跡で確認できる

ウリ科作物においてマルハナバチは、雄花には花粉を、雌花には蜜を求めて訪れるため、受粉を成立させることができるので大幅な労力軽減となる。

マルハナバチが訪花活動をしているか否かは、ウリ科の花においては、花弁についた〝足跡〟で確認することができる。

ウリ科の花は花弁が薄く、マルハナバチが訪花して、花弁に乗った爪跡が〝足跡〟のように白い点として残る（カラー口絵(7)ページ）。これはミツバチでは見られない現象で、訪花活動の確認をしやすいという点において、マルハナバチ利用のメリットといえる。

ただし、マルハナバチの働きバチが、花の中に潜り込めてしまうほどの大きな花を咲かせるカボチャやズッキーニには足跡がつきにくいので、その限りではない。

ウリ類でマルハナバチを利用する場合には、どの作物でも1群当たりの適正利用面積は1000m^2程度。これまでマルハナバチによる受粉が可能であることを確認したウリ科作物は、メロン、スイカ、カボチャ、ズッキーニ、食用へチマ、キュウリなどである。

ズッキーニでは乾燥花粉を積極的に与える

たとえば、近年作付面積が増えつつあるズッキーニは、国内でも宮崎県などの施設栽培でマルハナバチが利用され始めている（カラー口絵(7)ページ）。

ズッキーニの花は早朝に開花して、午前10時頃には花が閉じ始めてしまうほど開花時間が非常に短い。マルハナバチが花粉や蜜を求めて活動できる時間があまりにも短く、エサ資源が不足してしまう傾向がある。

そこで、施設内に開花習性の異なる他の作物を同時に栽培するか、ズッキーニの花が閉じた後は野外の花を求めてハウス外に飛散することを回避する意味でも、働きバチを回収して乾燥花粉を積極的に与えて、資源不足を補う工夫が必要である。

いっぽうで、同様に栽培面積が増加傾向にあるニガウリでは、その利用効果を確認できていない。なぜ、ニガウリの雌花にミツバチやマルハナバチが訪花してくれないのか。残念ながらその明確な原因を見つけ出すことはできていない。

キュウリでは流れ花、先細り果が減る

現在、日本で栽培されているキュウリのほとんどが単為結果性の品種である。つまり、人はもちろん、マルハナバチなどによる受粉というステップを経ずとも着果する。それどころか、古くからキュウリの施設などにミツバチなどが迷い込んで交配してしまうと、曲がりや肩こけ（電球果）と呼ばれる奇形果の発生を招くことから、単為結果性キュウリにおいて受粉昆虫（ポリネーター）は邪魔者とされてきた。

しかしそのいっぽうで、単為結果性品種のキュウリでは栽培初期に流れ花（または流れ果）と呼ばれる落花症状や、尻こけ＝先細り果の発生などによって収量が減少するという問題がある。この問題を、〝邪魔者〟のはずだったミツバチやマルハナバチに受粉させ

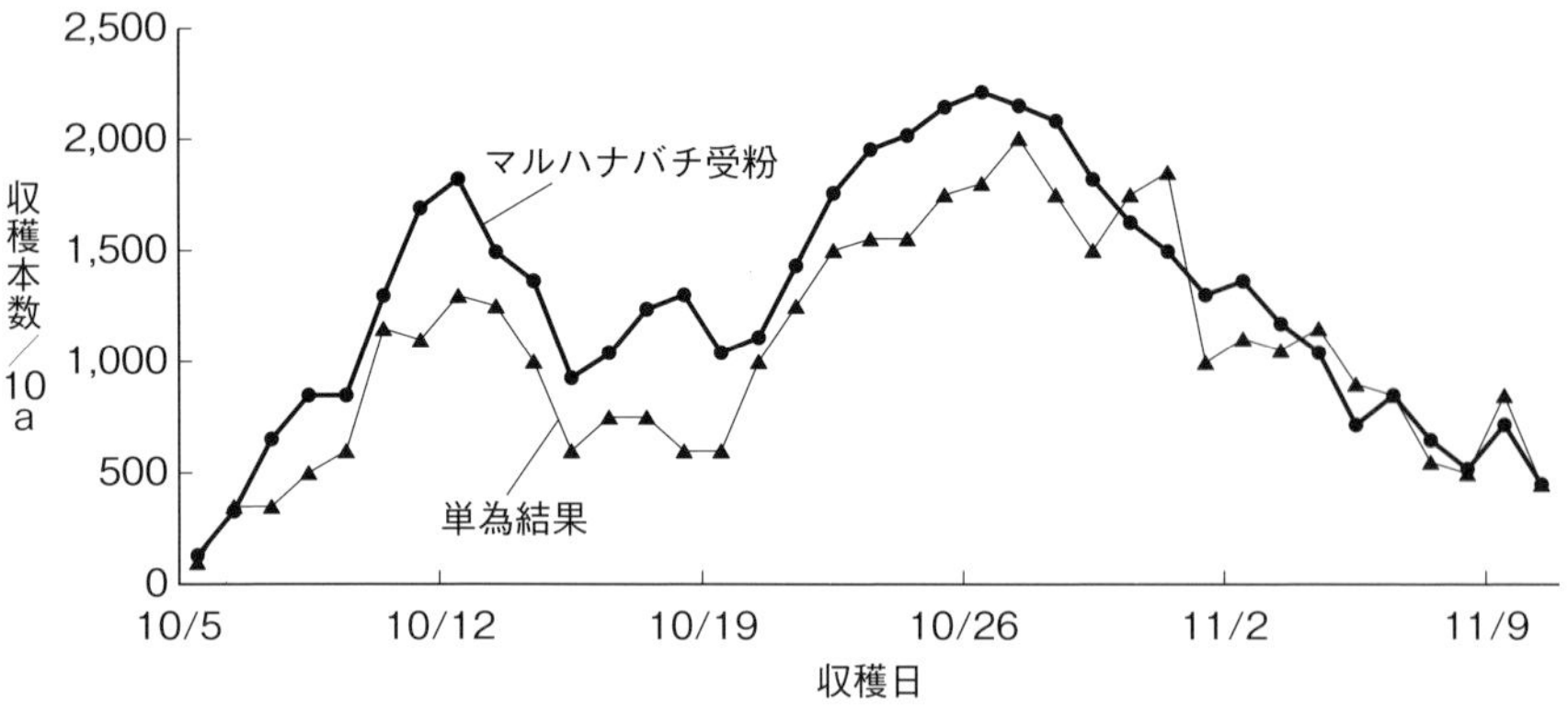

図3－5　抑制キュウリでのマルハナバチ受粉による収穫本数の違い（2003年）

ることで、軽減もしくは解消させる方法がある。

筆者も宮崎県や神奈川県の抑制キュウリ圃場で、数年にわたってマルハナバチの導入試験を行なってきた。その結果、マルハナバチによる花粉交配が、キュウリの栽培初期に発生する流れ花、先細り果を軽減し、収量の増加に役立つことを確認できた（図3－5）。

1番花から短期導入する

キュウリにマルハナバチを利用する場合、マルハナバチは花の咲き始めから導入する。ただし、草勢を強めに管理することが重要である。

イメージとしては、草勢が強く「暴れている樹」をマルハナバチに受粉させることで着果負担をかけ、草勢を安定させるといったところであろうか。少々乱暴なようにも思えるが、マルハナバチで受粉した果実は他の作物同様に種子ができ、重量も増えるために樹には相当の着果負担がかかる。よって、マルハナバチを利用する期間は長くても1カ月程度である。これは、もともと栽培初期の花流れや先細り果の軽減を目的としているため問題はない。むしろ、マルハナバチを導入し続けると草勢の低下が著しくなり、かえって肩こけ果などの奇形果の発生を助長することになる。

1番花からマルハナバチを導入したとすると、20日後頃には収穫のピークが始まり、キュウリへの負荷も大きくなる。そこで、3週間程度で導入を一度中断し、10日後を目安に巣箱を再度導入し、さらに受粉活動を行なわせるとしても10日間程度で終了させる。また、この技術は「エクセレント」や「グリーンラックスⅡ」など草勢の強い品種で行なうほうが効果的である。

4 ピーマン類

導入の利点は何か

受粉昆虫は本来必要ないが…

ピーマン、シシトウなどに代表されるトウガラシ属は、トマトやナスと同じナス科に属する果菜類である。しかし同じナス科でも、ホルモン処理などの人工受粉、もしくはマルハナバチなどの受粉昆虫による受粉が必要なトマトやナスと違い、トウガラシ属の花は自家受粉により結実することができる。

　トウガラシ属の花は開花と同時に開葯し、たくさんの花粉をつけた雄しべの間を雌しべが伸長していくことで、柱頭に花粉が付着し、受粉が成立する。このことから、ピーマン、シシトウや甘長トウガラシなどでは、施設栽培であっても、マルハナバチなどの受粉昆虫を利用することは一般的ではない。

写真3－7　花弁の付け根からたくさんの蜜を出すピーマンの花

矢印の先にある水滴が蜜

　いっぽうで、トウガラシ属の花の中をのぞくと、多量に流蜜していることが確認できる（写真3—7）。植物にとって蜜を作ることはエネルギーを投資することになる。この投資の目的は、ハチなどの花粉を媒介してくれる昆虫に対して蜜による報酬を与え、彼らの訪花を促して受粉率を高めることであると一般的には考えられる。これは植物の繁殖戦略の一つであり、流蜜する花を咲かせるピーマンなどのトウガラシ類でも、マルハナバチなどを利用すれば、受粉率の上昇などの何らかの効果がある可能性が高いと思われた。

果実が太く重くなる

　そこで、筆者らは主に京都で栽培されている甘長トウガラシの一品種である万願寺トウガラシのハウスで、マルハナバチによる受粉試験を試みた。

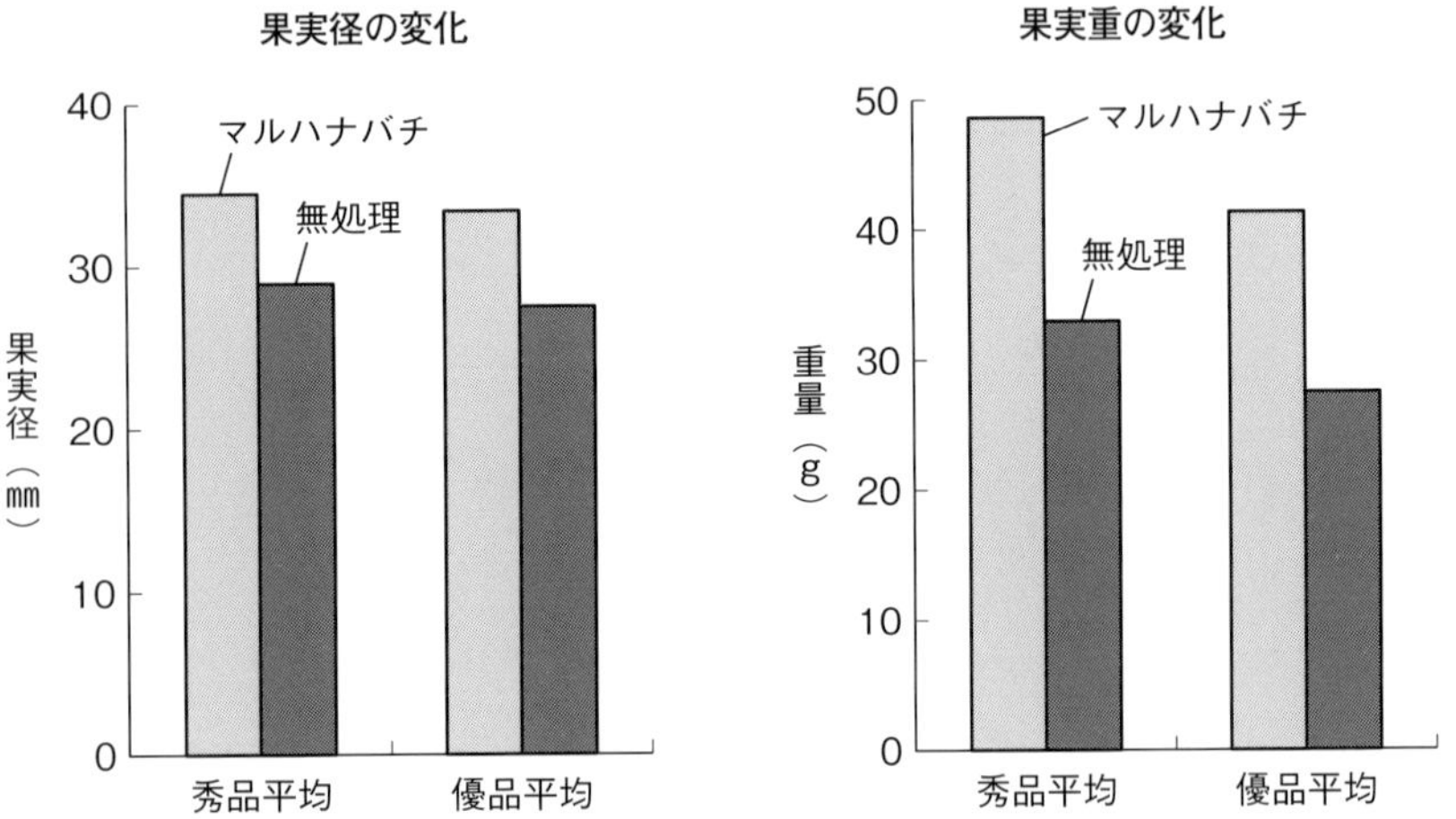

図3－6　万願寺トウガラシにおけるマルハナバチの利用効果（光畑・徳丸、未発表）

その結果、マルハナバチの働きバチはトウガラシの花に積極的に訪花し、採餌行動を観察することができた。そしてマルハナバチが受粉したトウガラシは果実長には差が見られなかったものの、果実径と果重が増加することが確認できた（図3―6）。

いっぽうで、果実重量の増加は種子数の増加によって引き起こされるのではないかと考えたが、マルハナバチで受粉したほうが自家受粉よりも種子数は逆に減少していた。このことから、主に甘長トウガラシの果皮、つまりわれわれが食す部分が肉厚になる効果があるのではないかと推測された。

韓国や欧州ではよく利用されている

じつは、この試験を実施する前から、おとなりの韓国ではお国柄か、トウガラシの施設でマルハナバチがよく利用されていることは承知していた。また、ヨーロッパなどでもトウガラシのみならず、ピーマンやパプリカなどの受粉にマルハナバチを利用することは珍しいことではなく、欧米ではマルハナバチを利用したピーマン（主にパプリカ）の受粉効果に関する論文がいくつも発表されている（表3―3）。

それらの論文によれば、マルハナバチをトウガラシ属の受粉に利用することで、果形の安定、果実重量の増加などの増収、品質向上などの効果が報告されている。

また、マルハナバチを製造・販売する海外企業の情報サイトによれば、側

表3－3　マルハナバチによって受粉可能な園芸作物　（Velthus & Docrn, 2006を改変）

作物名	論文	1群の導入面積
トマト	van Ravestijn & Nederpel. (1988); van den Bogaard (1991) 他	～2,000m^2
ピーマン，トウガラシ	Shipp et al. (1994); Porporato et al. (1995); Abak et al. (1997); Kwon & Saeed (2003) 他	～1,500m^2
ナス	Abak et al. (1995)	500～700m^2
メロン	Fisher & Pomeroy (1989b)	～1,000m^2
スイカ	van Ravestijn & Karemer. (1991); Stanghellini et al. (1997), (1998a, b), (2002)	～1,000m^2
キュウリ	Stanghellini et al. (1997), (1998a, b), (2002)	～1,000m^2
ズッキーニ	ヨーロッパでは一般的に利用されている。国内では九州地域で普及	～1,000m^2
ラズベリー	Willmer et al. (1994)	
クランベリー	MacFarlane et al. (1994b); Macknzie (1994)	
ブルーベリー	Whidden (1996); Stubbs & Drummond (2001); Sampson & Spiers (2002); Javorek et al. (2002)	500～750m^2
イチゴ	Paydas et al. (2000a, b)	1,000～2,000m^2
リンゴ	Goodell & Thomson (1997); Thomoson & Goodell (2001)	
日本ナシ（ネット囲い含む）	熊本，栃木，埼玉での実験事例あり。着果率は向上	～1,000m^2
オウトウ	山梨県果樹試験場とアリスタライフサイエンスの共同研究成果あり	300～500m^2
キウイフルーツ	Pomeroy & Fisher (2002)	
モモ，アンズ	山梨県果樹試験場とアリスタライフサイエンスの共同研究成果あり	500～1,000m^2
プラム	Calzoni & Speranza (1996)	
パッションフルーツ	鹿児島県では普及している。千葉県などでも利用。沖縄県，玉川大学などによる研究報告あり	500～750m^2
切り花ホオズキ	九州地域の切り花ホオズキ施設では一般的に利用されている	～1,000m^2

枝に実を成らせるタイプのピーマン、シシトウ、甘長トウガラシでは花数が多いため、1500m^{2}当たりに1群を、いっぽうで主枝に実を成らせるパプリカでは花の数が少ないことから3000m^{2}に1群をハウスに導入することを解説している。

天敵と合わせて利用拡大を

国内においても、じつはトウガラシ属のハウスでマルハナバチの利用がまったくないわけではない。千葉県内のあるシシトウ部会では、曲がり果などの奇形果の減少をねらって、マルハナバチがその受粉に長年利用されている。

これまで施設トマト、ナスやイチゴではマルハナバチなどの受粉昆虫の利用が、天敵昆虫などの生物的防除を含むIPM（総合的病害虫管理）導入の牽引役を果たしてきた。わが国のピーマンやシシトウ、パプリカではすでに、スワルスキーカブリダニやタイリクヒメハナカメムシなどの天敵利用を含むＩＰＭが普及している。今度は、ＩＰＭがピーマン、シシトウ、甘長トウガラシ、パプリカなどでのマルハナバチの利用を牽引してくれることが期待される。

切り花ホオズキの着果もよくなる

トマト、ナスそしてピーマンなどのトウガラシ属に加え、ナス科の栽培作物でマルハナバチが利用されているものに、切り花ホオズキがある。

切り花ホオズキの栽培施設は主に、大分県、宮崎県や鹿児島県など九州地方に多く見受けられる。ホオズキの花はピーマンの花に似て自家受粉をするが、やはり昆虫を誘引するための蜜を出す。ホオズキでも、やはりマルハナバチを導入することで受粉を促進し、着果率を高めることができる。

九州のある産地では秀品率が5～10%程度向上したという例も紹介されている。花き類の商品価値は見た目である。切り花ホオズキの品質を高めるのは、順序よく、欠落することなくホオズキの実が枝にたくさん並んで着いているか否かである。マルハナバチによって、開花した順に着果を確実にすることで、切り花ホオズキの収量の増加が可能になっている（カラー口絵(7)ページ）。

5 バラ科果樹

導入の利点は何か

人工受粉は見かけ以上に重労働

ハウス、露地栽培に限らず、また、バラ科のみならず国内における果樹の多くがじつは人工受粉に頼っている（カラー口絵(8)ページ）。ミツバチやコツノハナバチ（マメコバチ）が利用されていることもあるが（写真3―8）、一部の地域だったり、ハチが導入されていても人工受粉も併せて行なわれたりしていて、受粉をハナバチに任せているケースは少ない。

特に、オウトウやモモなどの核果類の加温栽培では、自家不和合性のオウトウだけでなく、自家和合性のモモにおいても結実を確保するために人工受粉が必須の作業となっている。

ある調査によると、栽培作業全体に占める人工受粉の労働時間の割合は、オウトウで15％、モモで4％との報告がある。人工受粉の労力は開花期の短期間に集中する。また、上向きの姿勢での作業が続いて労力負担も大きいことから、見かけ以上の重労働となっており、作業の省力化が求められている。

写真３－８　リンゴ園に設置されているコツツノハナバチ（マメコバチ）の巣

オウトウ、モモの受粉を手助け

先のような事情から筆者らは２００５年から２００７年にかけて、クロマルハナバチによる加温ハウス栽培におけるオウトウとモモの受粉調査を行なった（図３―７、表３―４）。また、その際、経済性についても検討した。

その結果、クロマルハナバチは午前５時過ぎから訪花活動を開始し、午前７時頃より活動が活発化した。その後午後５時頃まで活発に巣外活動を行なった。働きバチの平均巣外活動時間は５００分であり、1分当たりの訪花数は８・６花であった。このことから、クロマルハナバチ1群での1日の訪花数は約4万３０００花であると推察された。

放飼試験の事例と1日に訪花可能な花数から、ハウスオウトウにおける面積当たりの導入の目安は2～3群／10ａとなる。同時に、ハウスモモやスモモでも十分に利用可能であることがわかった。なお、モモでは1～2群／10ａ、スモモでは2～3群／10ａが導入群数の目安となる。

ネットで囲えば露地ナシでも使える

バラ科果樹の中で、受粉作業そのものに多くの労働力や時間を割いている生産物はまだまだある。その代表が日本ナシではないかと思われる。

日本ナシでは関東圏を中心にミツバチが利用されている場合もあるが、ナシの花蜜はその糖度が数％と他の植物

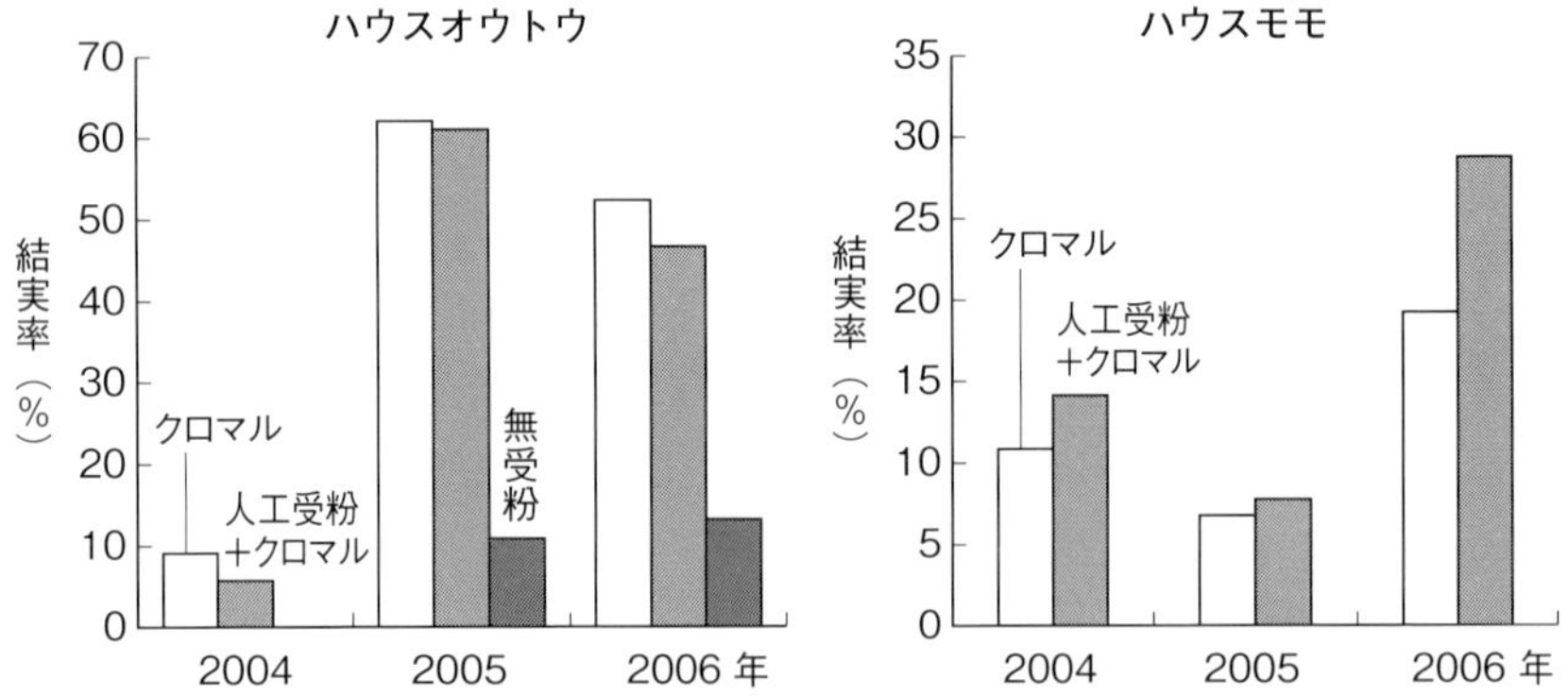

図3－7　クロマルハナバチによるハウスオウトウとハウスモモの受粉結果
（新谷ら、2008）

表3－4　マルハナバチ導入によるモモとオウトウの人工受粉の削減　（新谷ら、2008）

調査圃場	面積（a）	マルハナ導入前後	作業日数（日）	作業時間（h/日）	作業人数（人/日）	延べ時間（h）	省力率（%）＊	備考
モモ								
場内圃場	5	導入前	3	3.0	3.0	27.0	50%	日川白鳳と白鳳。圃場の半分をマルハナで受粉
		導入後	3	1.5	3.0	13.5		
甲州市	5	導入前	4	3.0	2.0	24.0	33%	
		導入後	4	2.0	2.0	16.0		
オウトウ								
場内圃場	4	導入前	6	2.0	3.0	36.0	100%	高砂、佐藤錦、さおり、紅秀峰の混植園。人工受粉なし
		導入後	0	0.0	0.0	0.0		
甲州市A	8	導入前	16	6.0	2.5	240.0	50%	高砂、佐藤錦、香夏錦、レーニアの混植園。使用貯蔵花粉3割減
		導入後	16	5.0	1.5	120.0		
甲州市B	9	導入前	15	6.0	3.0	270.0	70%	香夏錦単植園。綿棒で受粉。毎年作業時間削減
		導入後	10	4.0	2.0	80.0		

注）＊聞き取り調査によるマルハナバチ導入前の作業時間を100とした場合の人工受粉の削減率。貯蔵花粉採集時間は含まない

に比べても低く、ミツバチも含めてハナバチ類が好んで訪花する花ではないため、あまり導入効果が得られていない。

日本ナシでは、受粉および摘果作業が年間労働時間の約26%を占める。筆者らは、２００２年４月５日から同月20日に、栃木県祖母井の幸水・豊水の１００haほどの栽培産地においてクロマルハナバチの放飼試験を実施し、良好なデータを得ることができた。

この産地もこれまで予備的にセイヨウミツバチを放飼してきたものの、手による人工受粉が主体に行なわれている。また、防虫、防雹の目的で目合い４mm目程度のネットが利用されており、本来は花後に天井面まで展張するタイミングを早めて圃場被覆したうえで試験を行なった（40ａの豊水に４群を放飼）。結果としては、マルハナバチと手交配の併用区で着果率が80%を超え、マルハナバチ区が60%という値を示した。マルハナバチのみでも十分に生産者はその結果に満足した。

なお、２００１年には熊本県でも豊水と幸水においてマルハナバチによる交配試験が行なわれ、着果率が豊水で75・６%、幸水で62・１%と高い効果を示す結果が得られている。

日本ナシは、自家不和合性の性質が強いため、受粉樹や複数品種の混植などの条件が必要であると思われるが、圃場周辺を囲う設備がある園地も多く、開花期に圃場を囲うことができれば、マルハナバチによる受粉が可能になるものと思われる。今後の普及が期待できる作物の一つである。

6 その他
導入の利点は何か

ヨーロッパで利用率が高いブルーベリー

ヨーロッパではトマトやナスなどの果菜類に次いでマルハナバチの利用率が高い作物が、ブルーベリーやクランベリーなどのベリー類である。

ベリーと呼称されつつも、イチゴのように必ずしもバラ科のものばかりではない。日本人にいちばんなじみのあるブルーベリーはツツジ科の植物である。バラ科同様、ツツジ科の植物はマルハナバチが自然界でも好んで訪花する植物群であり、長野などの露地栽培のブルーベリー園では、野生の在来種のマルハナバチが積極的に訪花する様子が観察される。

写真3－9　ブルーベリーに訪花するクロマルハナバチ

　露地栽培のブルーベリーの開花時期は、越冬から明けた女王バチが巣作りを始める時期とちょうど重なり、女王バチの有用なエサ資源となる。

　いっぽうで、加温ハウス栽培のブルーベリーでは、露地栽培に比べて早い2月頃から開花が始まる。低温期のこの時期には、先の促成イチゴと同様にミツバチの活動が不安定なこともあり、マルハナバチの利用が有効であると考えられる。また、釣鐘（つりがね）型に咲く花の構造上、ミツバチによる受粉よりも、振動採粉を行なうマルハナバチのほうが受粉効率は高いとされる（写真3―9）。

　ただし、加温ハウス栽培では他の品種に比べて「オニール」系の品種では、ミツバチはもとよりマルハナバチの訪花頻度が低いことが観察されていて、課題の一つとなっている。雨よけハウスや露地栽培などでは、オニール系の品種でもミツバチなどの積極的な訪花が観察されることから、夜間の管理温度に原因があるのではないかと推測している。つまり、オニール系の品種は、他の品種に比べて管理温度が高いなどの理由により、他の品種に合わせた低温管理を行なうと花粉や流蜜量が減少するなどして、そのことがハナバチの訪花率を下げてしまうのではないかと推測している。ただしこれは筆者の推測であり、まだまだ調査が必要である。

パッションフルーツの人工受粉も減らせる

　パッションフルーツは近年、その栽培面積が広がっている熱帯果樹である。生食、加工の両方に適している果実は、六次産業まで視野に入れた栽培経営ができることでも注目される。トケイソウ科に属するパッションフルーツはクダモノトケイソウという別和名を持つ。花の構造はトケイソウ科の花がそうであるように、非常に特殊な形をしている。

　パッションフルーツは南米を中心に分布しており、その原産地ではクマバチ類がその花粉媒介者として記載されている。

ハウスの栽培環境下ではクマバチに媒介させることは困難なため、人の手による人工受粉が一般的な技術であった。

しかし、パッションフルーツの花は1日開花であり、開花翌日にはその役割を終えて閉じてしまう。そのため、開花期には毎日、人工受粉作業を行なう必要がある。開花期の人工受粉は年間労働時間の30％を占めるとの報告もあり、他の労働作業や経営規模拡大の制約となっている。

このため、これまでも人、クマバチにかわる花粉媒介者としてミツバチやセイヨウオオマルハナバチによる先行研究が行なわれてきたが、効果が安定しなかったりするなど大きな成果が得られず、普及にはいたっていなかった。

写真3－10　パッションフルーツに訪花するクロマルハナバチ

背中にたっぷりと付着している花粉が下向きの雌しべに付着する（カラー口絵（8）ページ）

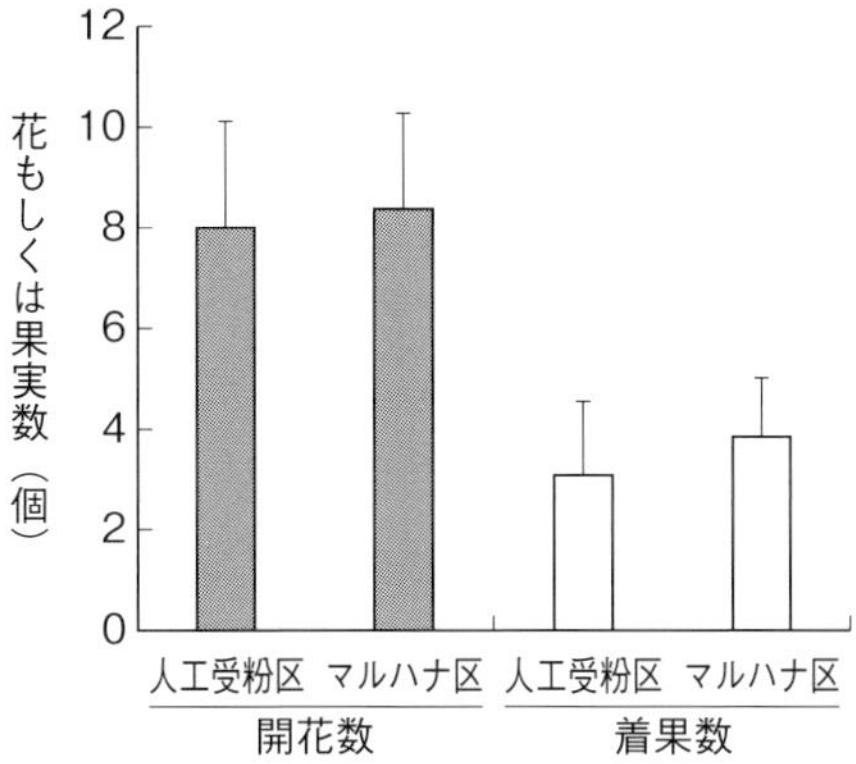

図3－8　人工受粉とマルハナバチ受粉による結実率の差

受粉期間が終了した2015年7月2日に枝ごとのがく数と着果数をカウントすることで総開花数を推定、着果率を算出
（$t(50)=1.83$　$p<0.05$）

そこで筆者らは、改めてマルハナバチによるパッションフルーツの受粉技術を確立させるための試験を行なった。その結果、セイヨウオオマルハナバチよりもより体のサイズが大きいクロマルハナバチを利用することで、クマバチと同様、下を向いた雌しべにハチの背中についた花粉が運ばれる花粉媒介行動を確認することができた（写真3—10、図3—8）。

また、パッションフルーツは開花後、すぐに受粉、受精が成立するわけではなく、開花後、数時間経過して後の雌しべの成熟を待つ必要がある。品種やハウスの規模によっても異なるかもしれないが、雌しべの成熟前にマルハナバチが活発に

写真3－11　雌しべの先端にたっぷりと付着した花粉
雄しべの花粉は取り去られている

パッションフルーツに訪花することで雄しべから花粉を持ち去ってしまい、受粉がうまく行なわれないケースも見られた。

このような場合には、少々面倒ではあるが、毎日開花後雌しべが成熟する11時頃からマルハナバチが活動をスタートできるよう、巣門調整による出巣制限を行なうことで問題の解決を図ることができる。

もちろん、栽培規模や品種によっては巣門を開け放ち、クロマルハナバチが終日活動できるようにしても問題なく高い結実率と収量を得ることができる場合もあるため、マルハナバチを活動させた後、注意深く雌しべの先端に花粉が付着しているか確認する必要がある（写真3―11）。

また、パッションフルーツの場合には、開花しても雌しべが成熟しない奇形花が存在する。このような花は構造上、雌しべに花粉が付着しづらく、また花粉が雌しべについても花粉管の伸長阻害物質が出ていて、受精・結実しない。パッションフルーツの受粉については、その開花習性が受粉の成否を大きく左右する特殊な作物であるといえる。なお、パッションフルーツでは5～7・5aに1群を導入する。

また、近年問い合わせが増えている利用場面が植物工場である。

植物工場は従来の施設栽培に近い太陽光利用型と、人工的な光源を利用した完全制御型に大別される。特に、昨今の人工光源は、ランニングコストや耐久性を意識したＬＥＤを利用しているものが多い。

ＬＥＤ光源の特徴の一つは、特定の波長に偏った光となるため、蛍光灯などと異なり、紫外線を放出しないものが存在することである。マルハナバチの訪花活動には紫外線の存在が重要である。そのため、マルハナバチを利用することを前提とした施設を建設する場合には、紫外線を放出するタイプのものを設置することが必要となる。

筆者の知る限りでは、完全制御型の植物工場内で栽培されているイチゴとブルーベリーでクロマルハナバチが活動していることを確認している。

第4章

もっと知りたいマルハナバチQ＆A

巣や巣箱のQ&A

Q 巣門から綿を出したり、綿で巣門をふさいでしまう

A 野生のマルハナバチの巣は、コケやワラのような繊維状のものを利用した外包に覆われている（74ページ）。商品巣箱にも、それを再現するために綿を入れてある。この綿は巣の温湿度を安定的に保つだけでなく、巣が外敵から丸見えにならないための役割もある。マルハナバチはこの綿を巧みに利用し、暑ければ不要な綿を巣箱から出したり、外敵が現れれば綿で巣門を小さくし、侵入しづらくしたりしている（写真4―1）。

人間の目から見て巣門がふさがれているように見えても、意外に1頭がぎりぎり通ることにできる通路は確保されている。バイトマークなどでハチが活動している様子が確認できれば、巣門がふさがれているように見えても心配はない。綿を加工して何かをしているということは、巣を健全に維持しようとしている証である。

写真4－1　ハチの出入り口が綿でふさがれている

Q 巣の中の茶色いものは何？

A これも先に述べた外包である。繊維質だけでは形を維持することは難しいので、マルハナバチがロウを分泌して繊維質と混ぜ合わせて外包を形成している。時には、繊維質が足りないとロウだけで（正確には花粉も混ぜて）壁を作ることもある。

Q 巣箱の外に巣ができている

A 巣が大きく発達して巣箱の中に収まりきらなくなると、製品のプラ

スチックケースと段ボール（外装）の間や、巣箱のそばに巣を作ることがある。農薬散布、ローテーション時などの巣箱の回収に支障がでるようであれば、メーカーに相談するとよい。

Q 翅が縮れた奇形のハチがいる

A 奇形のハチが羽化する原因には、ウイルス性のものなどいくつかの原因が報告されているが、農業利用条件下では主に温度の急変が原因ではないかと考えられる。

特に蛹のときに高温や低温などの急激な温度変化にさらされると、翅の縮れたハチが羽化することがある（写真4―2）。一過性の場合が多いが、このようなハチは飛べないため、巣箱の中がこのようなハチばかりになった場合には新たな巣箱に交換する必要がある。

写真4－2　蛹期の高熱により、翅が奇形になったマルハナバチの働きバチ

Q 巣箱の周りにカエルがいる

A カエルの種類にもよるが、ハウス内でよく見られるアマガエルであれば、マルハナバチを捕食するというよりは、マルハナバチの巣箱に発生するコバエやノシメマダラメイガなどを捕食していると思われる（写真4―3）。

まずは、バイトマークや巣箱へのハチの出入りを確認して、マルハナバチの活動に異常がないか確認する。問題がなければ、カエルはマルハナバチに危害を加えているのではなく、巣箱やその周辺に発生する小型の昆虫を食べているだけだと思ってよい。

写真4－3　巣門をのぞき込んでいるように見えるアマガエル

蜜や花粉のQ&A

Q 花粉を自分で集めたい

A たっぷりと与えることができるほど、人間が大量の花粉を集めるのは非常に大変な作業である。だが、せっかく与えるのであれば多種多様な花粉を与えたいもの。それは、植物ごとに花粉に含まれるアミノ酸などの栄養成分が異なり、多種多様な花から花粉が運び込まれる巣のほうが健全に発達することも報告されているからである。

マルハナバチ商品に添付されている粒状の花粉は、ミツバチが多様な花から集めてきた花粉団子を、タンパク質が熱で変性しないように低温で乾燥させたもので、増殖する際にも用いられているものである。よって、この花粉を利用したほうが自身で労力をかけて単一の植物から花粉を集めるよりも、巣の発達に最も効率よく寄与できる。

自分で行なえることとしては、栽培施設内に作物以外の植物を植えることや、切り花を置いておくことなど。これだけでも花粉を給餌することにつながる。

Q ハウスの中に複数の作物が植わっていてもよいか？

A ハウス内に複数の植物が植わっていても、その資源（花粉）量がマルハナバチ活動量を大きく上回っていなければ問題ない（多すぎる場合は訪花しきれないので受粉できない）。

これまで経験した例では、6連棟（15ａ）のハウスで棟ごとにトマト、メロン、トマト、メロン、トマト、スイカが混植された圃場でも、問題なく各作物が受粉されたことがある。植物の種類によって花粉に含まれるアミノ酸などの栄養素が異なるので、逆にマルハナバチの巣を健全に保つことにつながることも考えられる。

ハチ刺されのQ＆A

Q 顔をめがけて飛んでくる！

A マルハナバチに限らず、攻撃モードになり刺そうとするハチは、黒いものをめがけて襲いかかる習性がある。日本人の場合には髪の毛や眼球がその対象になるため、顔をめがけて飛んでくることになる。

ハチを刺激しないためには、黒っぽい帽子や服装は避けることと、巣箱を顔に近い高さを避けて設置し、高くても腰の位置程度にするようにする。また、巣箱を叩いたりする行為や送風機などの振動が伝わりやすい場所への巣箱の設置は、ハチがストレスを受けて攻撃的になるのでやめたほうがよい。

Q 酔っぱらいに寄ってくる？

A マルハナバチに限らず、ハチの仲間は発酵臭に誘引されることが知られている。そのため、二日酔いなどで口からアルコール臭をさせているとマルハナバチが寄ってくることがある。

同様にカルピスや果物の甘いにおいのする清涼飲料などにも引き寄せられる。飲みかけのジュースの缶などのふたを開けたままハウス内に置いておくと、中にマルハナバチが入ってしまうことがある。それに気づかずに休憩時間に口をつけて刺された例もある。

なお、整髪料などを含めた化粧品などには昆虫を誘引する物質が含まれていることもあるため、農作業時にはあまり化粧などをせずにハウス内に入るように心がける。

仮にこれらのにおいに誘引されてマルハナバチが体の周囲をウロウロ飛び回ることがあっても、慌てずにその場からゆっくり動けば、ハチもどこかへ飛び去る。

Q 刺されないようにするには？

A マルハナバチを利用しているハウスで刺される例としては、①花粉などを給餌するなど巣箱を触る際に、巣門を閉じていなかった。②葉かきなどをする際に、葉裏で休んでいる働きバチに気づかず、葉ごとハチを握ってしまった。③弱って地面を這っているハチをそのままにしておいたため、作業している間にハチがズボンの裾から入り込んでしまった、などがあげられる。

　刺されないようにするための基本的な注意事項としては、①巣箱を触る際には、必ず巣門を閉じてから行なう。②葉かきをする場合には、葉を握る前に軽く揺する。③ズボンの裾がすぼんだものを履くか、裾を靴下の中に入れるなどして、ハチが這い上がってきても服の中に入らないようにする、などである。

　大型の栽培施設などによく見られる、床一面にマルチングなどがされた施設では、施設内の作業用に屋内履きを用意してあることがある。この場合、内履きはハチが入りやすいスリッパなどではなく、かかとやつま先なども覆えるような運動靴などを使用するようにする。

　また、マルハナバチは青や黄色に誘引される傾向があるため、着用する衣服は黒っぽいものはもちろん、青や黄色は避けたほうがよいだろう。

Q もし刺されてしまったら？

A マルハナバチに限らず、ハチに刺された時の一般的な認識として、「刺されたら患部にアンモニアをかける」「2回目に刺されると危ない」などがあるが、これらは誤った認識である。

　ハチに刺された患部にアンモニアをかけても何の効果もない。また、ハチに刺されたことで引き起こされるアレルギー反応＝アナフィラキシーショックは、刺された1回目で発症することもあれば、何回刺されても発症しない人もいる。回数は重要ではない。

　いちばん重要なことは、刺されても毒を体内に入れないということである。つまり、刺された後に最初に対処することは患部から毒を抜き出すことであり、その際に便利なのが「ポイズンリムーバー」である（写真4―4）。

　ポイズンリムーバーは、特にパート作業員を雇用しているような栽培規模

写真4－4　ポイズンリムーバーの設置例

公益財団法人　日本中毒情報センター中毒110番
大　阪：TEL 072-727-2499
（365日、24時間対応）
つくば：TEL 029-852-9999
（365日、9～21時対応）

の大きな施設では、コンプライアンス上の点からも常備しておきたい。

毒を抜いた後は速やかに氷や冷水などで患部を冷やし、必要があれば抗ヒスタミン剤入りの軟膏を患部に塗るか、錠剤を服用する。処置後に蕁麻疹、動悸が激しくなったり、めまいなどの症状が出た場合には、自身での運転は避けて、病院での診察を受けるようにする。なお、くわしい処置に関する問い合わせは中毒センターに聞くようにする（写真4—4）。

その他のQ＆A

Q トマトトーン処理した花には行かない？

A トマトの花にトマトトーン処理をした直後の花は濡れているため、マルハナバチが訪花することはないが、乾けばトマトトーン処理後の花にも訪花する。また、それによりトマトの果実に何らかの悪影響を及ぼすこともない。
このため、産地によっては、マルハナバチの訪花活動がきちんと観察されるようになるまでは、トマトトーンとの併用を推進したり、マルハナバチ導入後の1週間は、トマトトーンによる人工受粉処理を継続させるような指導をしているところもある。

Q シーズン2回目の導入巣箱のほうがトラブルが少ない？

A 栽培シーズンの初期は植物が栄養生長に偏っていたり、花粉量が少ないなど、花の状態が安定していないこともあり、導入したマルハナバチの巣箱の活動開始が遅いなどのトラブルが少なくない。しかし、シーズン2回目に導入する巣箱はスムーズに活動をすることが多い。
これは、マルハナバチの「足跡フェロモン」の存在が関与している可能性がある。マルハナバチの働きバチの足からは、足跡フェロモンと呼ばれる揮発性の高い化学物質が分泌され、採餌した後の花には足跡のにおいが残される。

図4－1　足跡フェロモンをエサの目印にしている
R. F. Pearce et al.（2017）よりイラスト化（原図：光畑）

このにおいは当初、別の個体が訪花して花粉や蜜などのエサ資源が少なくなってしまった花を避ける目的があるとされていたが、2017年にイギリスの研究者らが、初めて花を探すときには、このにおいをエサ資源の探索の目印としても利用していることを確認した（図4－1）。

つまり、2回目に導入された巣箱の働きバチたちは、1回目に導入された巣箱の働きバチたちが活動した痕跡（においい）を目印にいち早く栽培作物をエサ資源として認識するため、スムーズに活動できると考えられる。

Q 紫外線カットフィルムの影響は？

A 結論からいうと、マルハナバチを利用した受粉には紫外線カットフィルムを利用しないほうがベストである。

花は紫外線を利用してマルハナバチに花粉や蜜のありか、受粉の最適期を知らせている（59、65ページ）。紫外線をカットされた環境下では、マルハナバチはこの花からのサインを視認しづらくなり、花を見つけることができなくなる。影響が強いと、巣箱から出て行っても、ハウスの換気部（ネット展張部）などの明るい場所に集まって仕事をせず、巣箱にも帰れないといった状況が起こる。影響が少ない場合でも、ハウスの中の環境に慣れて活動を始めるまでに1週間程度かかったり、通常フィルム下で活動させた場合に比べて活動する働きバチの個体数が半分程度になったりするなどの影響を受ける（66ページ参照）。

Q となりの圃場からの農薬のドリフトにも注意？

A マルハナバチを導入する生産者は、わざわざマルハナバチを殺してしまうような殺虫剤を散布することはしないであろう。しかし、隣接する水田、畑地や果樹園などの生産者は、となりのハウスで栽培される品目は把握していても、その中でマルハナバチが活躍していることなど知る由もなく、わざわざマルハナバチに対する影響や残効日数などを考えて農薬を選ぶことはない（写真4—5）。

農薬の適正使用などの観点から、隣接圃場および周辺環境への農薬の飛散（いわゆるドリフト）はあってはならないことである。しかし、これまでにも隣接する水田で散布されたネオニコチノイド系殺虫剤や、果樹園で散布された有機リン系殺虫剤が、マルハナバチを使用しているトマトハウスの側窓や吸気ダクトなどから流れ込み、働きバチが死んでしまった事例がある。

写真4－5　実際に被害にあったトマトハウス

手前のブドウ園で散布されたMEP乳剤がドリフトして中のマルハナバチが死滅した

このようなトラブルを避けるためには、普段から周辺農家とのコミュニケーションを図り、農薬散布時には事前に連絡をしてもらえるようにしておくことが必要である。隣接園が農薬散布するときには、隣接する側の換気部（側窓や吸気ダクトなど）を閉めておくことで、ドリフトによる被害を避けることができる。

Q イチゴにクロマルを使うときの欠点

A マルハナバチの商品巣箱の利用期間は、ミツバチに比べて2カ月程度と短い。このため、栽培期間中に巣箱の更新を3～4回することになる。巣箱をこれだけ買い替えるとなると、ミツバチの利用に比べてコスト高になることがある。また、小面積での利用や開花の端境期などの利用ではマルハナバチが過剰訪花して、奇形果が発生することもある（92ページ参照）。

Q ヘンテコな行動はなぜ？

A マルハナバチをハウスの中で利用していると、ときに本来の行動とは異なるヘンテコ、不可思議な行動を目撃することがある。

その中には、科学的に解明して論文として発表すれば世紀の大発見につながるなんてこともあるかもしれない。ここでは少しそんな行動の例をあげてみよう。

・マルチの下に何頭もの働きバチがたむろしている
・直管パイプの中に入り込んで出てこられない働きバチがいる
・花ではなく、アブラムシやコナジラミの甘露ばかり舐めに来る
・ミツバチでは報告されているように水を飲んだり、後脚に明らかに花粉とは異なるプロポリスのようなものをつけたりしている

「なぜそんなことするの？」と聞かれても、正直なところ明快な理由をお答えすることはできない。

ただ、いえることは、きっと彼ら（彼女ら）には彼らなりの都合があって、そこがハウスという人工的な環境であろうがおかまいなく巣を大きくし、幼虫たちを育て、子孫を残すための生活を脈々と、人間の思惑など知る由もなく行なっているということ。

これらの「ヘンテコ」な行動を目撃しても、われわれ人間が意図している作物の受粉がきちんと行なわれているのであれば、そっと見守ってあげてほしい。

第5章 マルハナバチ利用のこれから

セイヨウは今後どうなるのか

利用されている6割は外来種のセイヨウ

2017年現在、日本で利用されているマルハナバチ製品の約6割はセイヨウオオマルハナバチという欧州原産のマルハナバチである。

もともとマルハナバチの利用は、欧州で最もポピュラーな種で研究も多くなされていたセイヨウオオマルハナバチから始まったためであり、日本にもそのまま導入された。しかし、セイヨウオオマルハナバチは種間競争力の強い種であることが知られ、日本在来のマルハナバチの衰退もしくは日本の生態系に悪影響をもたらす実態が報告されている。

1996年に北海道でセイヨウオオマルハナバチの野生巣が発見されて以来、野外での女王バチや自然巣の捕獲例は増加傾向にあり、セイヨウオオマルハナバチの定着が進行していることが示されている（写真5—1）。

国内の生態系に与える影響

また、セイヨウオオマルハナバチが国内に定着することで起こる環境影響がすでに以下のように報告されている（図5—1）。

(a)日本にも在来のマルハナバチ15種6亜種が生息しており、ハウスの外に逃げたセイヨウオオマルハナバチが在来のマルハナバチの営巣場所やエサ資源を独占して、在来マルハナバチの生息数を減少させてしまう懸念がある。もしくはすでに減少させた地域がある。

(b)実験室内だけではなく、実際に野外でセイヨウオオマルハナバチのオスが近縁な在来マルハナバチの女王と交尾していることが北海道および本州にて確認され、在来マルハナバチの繁殖を妨げている可能性がある。

(c)マルハナバチに寄生しているヨーロッパ起源の遺伝子を持つマルハナポリプダニがいっしょに持ち込まれた事例が過去にある。今後も外国産寄生生物の随伴の可能性は残されており、もし持ち込まれた場合には在来マルハナバチに病害を蔓延させる恐れがある。

(d)日本に分布する植物の中には在来マルハナバチに受粉を強く依存しているものがあり、在来マルハナバチが(a)～(c)のような要因によりその生息数が減

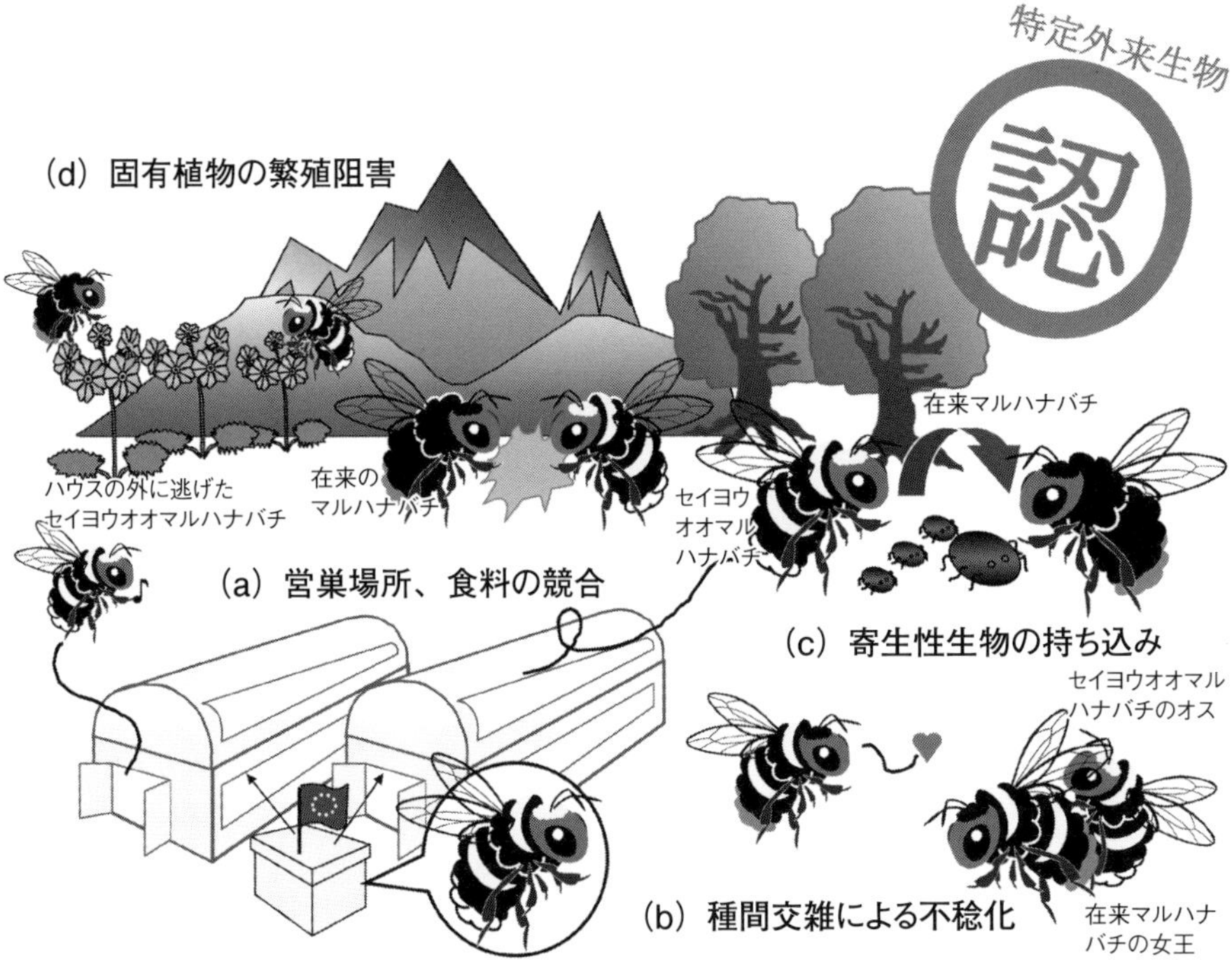

図5－1　セイヨウオオマルハナバチによる在来生態系への主な影響

（原図：宮本・光畑）

写真5－1　北海道の春の平地を飛び回る野生化したセイヨウオオマルハナバチの女王

少した場合に、それら植物の繁殖が妨げられる可能性がある。すでに北海道内の調査では、エゾエンゴサクなど数種の植物で、セイヨウと在来種マルハナバチが訪花した後の結実率に有意な差があることが報告されている。

　このようなことから、これ以上の野外への逸出および生態系被害を防止するため、２００６年９月１日にセイヨウオオマルハナバチは環境省、農林水産省、国土交通省が所管する外来生物法（略称）に基づく「特定外来生物」に指定された。

利用するには許可が必要

２００４年６月２日、政府は、「特定外来生物による生態系等に係る被害の防止に関する法律（平成16年法律第78号）」（以下、外来生物法）を公布した。近年、環境問題の一つとして蔓延が問題視されている外来生物によって日本在来の生物が衰退することを防ぐためのものである。

外来生物とは、本来の分布域から持ち出され、今までその動植物が生息していなかった地域に持ち込まれた生き物のことをいう。現在、世界各地でこの外来生物が増え、競争や捕食により、その地域の在来生物の数を減少させてしまうという悪影響が生じている。このことからこの法律では、外来生物のうち、特に日本の生物や人間の生活に重大な影響をもたらす恐れがあるものを「特定外来生物」に指定している。

特定外来生物は、その輸入や販売、飼養などが原則として禁止され、飼養などをするには許可が必要となる。また、特定外来生物を日本の野外に放すことも禁止される。すでに日本の野外で野生化して被害をもたらしている特定外来生物は駆除の対象となる。本法律に違反した場合には、非常に厳しい罰則も規定されている。

継続利用するにも、目的、措置、許可が必要

現在では、特定外来生物であるセイヨウオオマルハナバチの利用を継続する場合、①環境省令にて定められている目的の一つである「生業の維持」を目的として、②飼養等施設（ハウス）の基準の細目などに沿った逸出防止措置（ハウス開口部への４mm目合い以下のネットを展張する、出入り口を二重構造にするなど）を行なったうえで、③特定外来生物の飼養等許可を得る必要がある。

各地域を管轄する地方環境事務所長から許可を得た法人、個人など以外は、セイヨウオオマルハナバチを利用することができない。よって、出荷依頼、発注時に許可番号の提示がない場合には、販売者からセイヨウオオマルハナバチが発送されることはない。

許可の取得には、所定の書式が用意されており、環境省のホームページからダウンロードするか、地方環境事務所に問い合わせて、郵送などにて取り寄せることができる。環境省には、「セイヨウオオマルハナバチ飼養等許可申請書作成の手引き」も用意されてお

り、同様の方法で入手できる。

標識の掲出、使用後の殺処分も

加えて重要なのは、外来生物法では、許可を得た後もセイヨウオオマルハナバチを利用する際には(a)識別措置（標識の掲出）の実施（写真5－2）、(b)毎年の増減台帳管理と報告（現在は、メーカー、卸、JA、小売店など、流通に関わる者のみ報告が義務であり、生産者は免除されている）、(c)使用後の殺処分などの対応をしなければならない事項がある。

写真5－2　ハウスの前に掲げられた識別措置（標識の掲出）の一例

生産現場では、申請さえすれば継続利用できるものとして、ラノーテープなどの申告制の農薬資材などと同じ感覚でセイヨウオオマルハナバチが利用できるものと誤解されているようにも見受けられる。しかし、セイヨウオオマルハナバチの飼養などには、国からの「許可」を得なければならない。

われわれ、本資材を提供するメーカーなどの流通関係者とこれを利用する生産者は、漏れなく外来生物法を遵守する義務がある。いっぽう、許可した地方環境事務所には、われわれ利用者を管理、監督する責任がある。

また、この許可の有効期限は3年であり、3年ごとに許可の更新手続きを、各地域を管轄する地方環境事務所にて実施する必要がある。

在来種クロマルが使える

セイヨウオオマルハナバチは、欧州のみならず中東、アフリカ、韓国、中国そしてニュージーランドなどの世界各国で利用されている。いっぽうで、カナリア諸島では年間約3万3000群、北米大陸のカナダ、アメリカ合衆国、メキシコの3カ国では年間30万群の地域の在来種が実用化され、利用しているところもある。

日本にも15種6亜種の在来のマルハナバチが分布している。在来種マルハナバチコロニーの商業的生産の実用化に関する検討は、1992年のセイヨウオオマルハナバチの国内への本格導入当初から生態影響を危惧する研究者から提案され、玉川大学や島根大学などで行なわれてきた。また、199

7年度から3年間、「日本産ポリネーターの大量増殖技術の確立」という課題名で民間企業3社と玉川大学の協同により、農林水産省新産業技術開発事業の助成を受けて、在来種の実用化に向けた技術開発事業が実施された。

これらの研究は、特にセイヨウオオマルハナバチと同じオオマルハナバチ亜属に分類され、営巣規模もほぼ同等と考えられるオオマルハナバチとクロマルハナバチを中心に進められた。そして、日本国内で採集されたクロマルハナバチの創設女王バチの商業的大量増殖がオランダのコパート社において初めて成功したのが1999年のことである。

在来種クロマルハナバチは、北海道、沖縄を除く日本国内に広く分布し、国内に生息する15種のマルハナバチの中でも働きバチの生産量も多く、大きな巣を作る種類の一つであることが知られている。

セイヨウオオマルハナバチの近縁種であるクロマルハナバチの働きバチの平均個体数は311・3頭で、セイヨウオオマルハナバチの207・1頭を同等もしくは上回るともいえるポテンシャルを持つ。ただし、この2種には若干の生態的な特性に差があるため、切り替える際にはその点を把握しておく必要がある。

実際にクロマルハナバチ製品群を利用した生産者からは、製品コロニー圃場導入後、①活動開始が緩慢に思われる、②外勤個体数を少なく感じる、③雄バチが発生するタイミングが早く、コロニーの利用期間が短いのではないか、などのセイヨウオオマルハナバチ利用時との違和感を口にされることもある。実用化の後、筆者らは製品化されたクロマルハナバチの花粉媒介用資材としての評価を行なってきた。その結果、クロマルハナバチ製品の利用圃場導入後の利用期間（コロニーの持続期間）はセイヨウオオマルハナバチ製品のそれとはほとんど変わることがなく、約60日と同等であった（73ページ表2―4）。また、その他の受粉能力についても実際のデータでは、セイヨウオオマルハナバチのそれと有意な差は認められない。

クロマルの利用には許可がいらない

トマトの主要産地である福島県では、すでに利用されているマルハナバチの90％以上がクロマルハナバチに切り替わっているが、県や地域によっては、クロマルハナバチの普及は途上であるところもある。そのような産地の利用者からは「在来種は西洋種よりも働きが悪い」や「昔試したことがあるが、ダメだった」などの声が聞かれることがある。クロマルハナバチが実用化された1999年当時は、利用期間が短かったり、訪花活動を始めるまでに時間がかかったり、といった利用上のトラブルがセイヨウオオマルハナバチよりもクロマルハナバチのほうが多いこともあった。

これは、累代飼育年数が短く、生産される群（コロニー）数も少なかったことから、品質的にも不安定だったことが推測される。

しかし、現在では商業的に生産されるクロマルハナバチの製品巣箱は、累代増殖により系統が安定し、生産される群数も増え、セイヨウオオマルハナバチとなんら変わらない品質になっている。セイヨウオオマルハナバチをトラブルなく正しく利用できていれば、クロマルハナバチへの切り替えは特に難しいものではない。

2014年3月26日、環境省など関係省は「外来種被害防止行動計画」を公表した。そこには「在来種への転換を推進する」ことが明記されている。

クロマルハナバチの利用には、許可申請、識別措置・届出、許可の更新などの法的手続きの必要がない。さらに、生産物流通、消費側からの要望なども手伝って、外来生物法への対応策の一つとしてのセイヨウオオマルハナバチからの切り替え資材としての期待が大きい。

また、昨今増加している、業界外企業参入による新規大型生産法人などは「生業の維持」にあてはまらないため、「セイヨウオオマルハナバチの飼養等許可」を取得することができない。このため、クロマルハナバチの利用が必須となる。

〈資料〉マルハナバチ利用方針

セイヨウの出荷数を半減、在来種マルハナバチへの転換

2017年2月20日、農林水産省と環境省は、専門家による検討委員会を開き、2020年までに特定外来生物種として規制対象となっているセイヨウオオマルハナバチの出荷数量を半減する方針であることを明らかにし、同年4月21日正式にこれを発表した。

これに伴い、わが国のマルハナバチ利用は代替となる在来種マルハナバチへの転換に向けて本格的に動き出すことになる。要点は以下のとおりになる。

＊2020年までにセイヨウオオマルハナバチの出荷数を半減する。

＊本州、四国、九州（南西諸島を含む）については、在来種クロマルハナバチに転換するとともに適正な利用方法を啓蒙する。

＊北海道については、クロマルハナバチは利用せず、道内在来種エゾオオマルハナバチの実用化を目指す。

在来種マルハナバチの利用拡大支援事業

また農林水産省では「在来種マルハナバチの利用拡大事業」という、在来種マルハナバチへの転換に積極的に取り組む産地に対する補助事業を実施している。くわしくは、各地方農政局に相談のこと。

一部の産地、生産者の中には、クロマルハナバチがセイヨウオオマルハナバチよりも活動性が低いなどの印象を持っている方もいるが、クロマルハナバチの生産量がまだ少なく品質が不安定だった実用化初期頃のイメージや、クロマルハナバチとセイヨウオオマルハナバチ両種の特性の違いが周知されないまま使われていることによるものだと思われる。

クロマルハナバチも、商業的な生産、流通が開始されてからすでに20年近い月日が経過し、品質や利用ノウハウの蓄積は当時とは比べられないほど向上している。クロマルハナバチの特性を理解したうえで使用している生産者は、セイヨウオオマルハナバチと変わらずクロマルハナバチを非常に高く評価している。支援事業を上手に利用して、在来種クロマルハナバチへの転換を行ないたい。

クロマルは北海道では利用できない？

在来種だからといって日本国内のあらゆるところでクロマルハナバチを利

用できるとは限らない（表5―1）。

クロマルハナバチは、本州から四国や九州まで広く分布している種であるが、沖縄、北海道には分布していない。

特に、北海道は施設トマトの栽培が盛んでマルハナバチの利用者も多いが、北海道においてセイヨウオオマルハナバチの代替技術としてクロマルハナバチを利用することは不適当である。北海道においてクロマルハナバチはもともと分布していない外来種であり、その位置づけはセイヨウオオマルハナバチと変わらないためである。つまり、北海道にとってクロマルハナバチは「国内外来種」となる。環境保全や生態学者ら専門家により提唱される「国内外来種」問題は今後、さらに議論の場を広げていくことになろう。

写真5－3　大きく発達した人工飼育化のエゾオオマルハナバチのコロニー

写真5－4　トマトに訪花するエゾオオマルハナバチ

これらのことから、クロマルハナバチを取り扱う企業では自主規制により北海道へのクロマルハナバチの流通を制限してきた。加えて、２０１７年４月に国が発表した利用方針において、正式に道内でのクロマルハナバチの利用は否定された。
筆者らは２００５年から3年間、農林水産新技術高度化事業による助成を受け、北海道向けの在来種マルハナバチ実用化検討のため、道内に分布するエゾオオマルハナバチの増殖およびトマト施設内における実証圃場試験を行なってきた。
その結果、エゾオオマルハナバチは数年間の野外創設女王バチを採取、累代飼育後、商業的に生産することが可能であることが示唆された（写真5―3）。また、増殖過程で得られたエゾ

表5－1　地域ごとに違う「利用できるマルハナバチの種類」

地域	利用場面	
北海道	トマト栽培を続ける場合	・許可を受けている人はセイヨウオオマルハナバチを利用できる ・クロマルハナバチは利用できない ・エゾオオマルハナバチを実証利用できる
	新たにトマト栽培を始める場合	セイヨウオオマルハナバチも、クロマルハナバチも利用できない。ホルモン処理で受粉するしかない
本州、四国、九州	トマト栽培を続ける場合 （「生業の維持」を目的とする場合）	許可を受けている人はセイヨウオオマルハナバチが利用できる
	新たにトマト栽培を始める場合 （新規参入やハウスの新規増設など）	・セイヨウオオマルハナバチは利用できない ・規制の対象にならないクロマルハナバチを利用できる
奄美大島以南	トマト栽培を続ける場合	・許可を受けている人はセイヨウオオマルハナバチが利用できる ・クロマルハナバチを利用できる
	新たにトマト栽培を始める場合	クロマルハナバチを利用できる

※「セイヨウオオマルハナバチの代替種の利用方針」より

オオマルハナバチのコロニーを道内のトマト施設内に導入したところ、エゾオオマルハナバチの働きバチによるトマト花への訪花が観察され（写真5―4）、実用規模のトマト施設において一定期間ポリネーター（送粉者あるいは花粉媒介者）として利用可能であることがわかった（光畑ら、未発表）。

現在、エゾオオマルハナバチの商業規模での生産は行なわれていないが、わが国において、マルハナバチ利用種を外来種から在来種への移行を図るのであれば、北海道在来種マルハナバチの実用化は避けては通れない。

また、それぞれの地域で、それぞれの場合によって利用できるマルハナバチがある。法律に乗っ取って利用を進めたい（表5―1）。

〈付録〉マルハナバチへの農薬影響表（クロマルハナバチ、セイヨウオオマルハナバチ共通）

殺虫・殺ダニ剤	
商品名	影響日数
アーデント	3
アカリタッチ	0
アクタラ（粒）	21
アクタラ（水）	42
アクテリック	14
アグリメック	7
アグロスリン	20以上
アタブロン	4
アディオン	20以上
アドバンテージ(粒)	21
アドマイヤー（粒）	35以上
アドマイヤー（水）	30以上
アニキ	1
アファーム	2
アファームエクセラ	2
アプロード	1
アプロードエース	1
アルバリン/スタークル(粒)	10以上
アルバリン/スタークル(水)	14以上
ウララ	0
オルトラン（粒）	14～30
オルトラン（水）	10～20
オレート	1
カウンター	1
カスケード	2
カネマイト	2
気門封鎖剤(粘着くんなど)	0
クリアザール	1
コテツ	9
コルト	3～7
コロマイト	1
サイハロン	4
サンクリスタル	1
ジメトエート	20以上
スカウト	2
スターマイト	1
スピノエース	3～7
スプラサイド（水）	30
スミチオン	20以上
ダイアジノン	30
ダニサラバ	1

殺虫・殺ダニ剤	
商品名	影響日数
ダニトロン	1
ダブルフェース	1
ダントツ（粒）	21
ダントツ（水）	15以上
チェス	0
ディアナ	1～3
テルスター	30
トリガード	1
トルネード	6
トレボン	20以上
ニッソラン	1
ネマキック	14以上
ネマトリン	14以上
ノーモルト	1
バイデート(粒)	14
パイレーツ	0
バリアード	1
BT剤(ジャックポットなど)	1
ピラニカ	1
ファルコン	1
フェニックス	1
プレオフロアブル	1
プレバソン	1
プリファード	0
プリロッソ	1
ベストガード（水）	10以上
ベストガード（粒）	30以上
ベネビア	1
ベリマーク	1
ボタニガード(ES、水)	1
マイコタール	1
マイトコーネ	1
マッチ	0
マトリック	1
マブリック	2～3
マラソン	30
モスピラン	1～3
モベント	45以上
ラグビーMC（粒）	30以上
ラノー	0
ロディー	14以上

殺菌剤	
商品名	影響日数
アフェット	1
アミスター	1
アリエッティ	2
アントラコール	1
イオウフロアブル	0
オーソサイド	0
オルパ	0
カスミン	0
ガッテン	0
カリグリーン	0
カンタス	0
クムラス	0
ゲッター	0
サプロール	0
サンヨール	0
ジーファイン	0
ジマンダイセン	0
ジャストミート	0
ストロビー	0
スミレックス	0
セイビアー	0
ダコニール	0
銅剤	0
トップジンM	0
トリフミン	1
バチスター	0
ファンタジスタ	0
ファンベル	1
ブリザード	1
フルピカ	0
プロパティ	0
ベルクート	0
ベンレート	0
ホライズン	0
ポリオキシンAL	0
ピクシオ	0
モレスタン	3～5
ライメイ	1
ランマン	0
ルビゲン	0
レーバス	1
ロブラール	0

注）農薬散布するときは、散布前にマルハナバチを巣箱に回収し、別の場所で保管して下さい。

再放飼するときは、影響日数をあけて行なって下さい。影響0日の薬剤は、薬液が乾燥してから行なって下さい。

表中の影響日数はあくまで目安であり、濃度、散布量、環境条件、気象条件等によっても異なります。
※この表は、日本生物防除協議会、農薬メーカー、試験研究所などの情報を基にアリスタライフサイエンス㈱の知見を加え作成しています。（2018年1月改訂）

著者略歴

光畑　雅宏（みつはた　まさひろ）

1971年神奈川県横浜市生まれ。

1996年玉川大学農学研究科資源生物学専攻修士課程終了。

1996年アピ㈱入社。

2000年㈱トーメン（現 アリスタライフサイエンス㈱）入社、現在に至る。

学生時代よりマルハナバチの研究にかかわり、在来種マルハナバチの実用化、利用方法の確立がライフワーク。現在はアリスタライフサイエンスのマーケティング部マルハナバチプロダクトマネージャーとして、農家への訪問指導を主に、利用講習会や生物農薬の普及に励む。国際自然保護連合（IUCN）のマルハナバチ専門家グループにも名を連ねる。専門は応用昆虫学、動物行動学。

マルハナバチを使いこなす
より元気に長く働いてもらうコツ

2018年5月20日　第1刷発行

著者　光畑　雅宏

発行所　一般社団法人　農山漁村文化協会
〒107-8668　東京都港区赤坂7丁目6－1
電話　03(3585)1141（代表）　03(3585)1147（編集）
FAX　03(3585)3668　振替　00120-3-144478
URL　http://www.ruralnet.or.jp/

ISBN978-4-540-17122-2　DTP製作／㈱農文協プロダクション
〈検印廃止〉　印刷／㈱光陽メディア

製本／根本製本㈱
Printed in Japan　定価はカバーに表示
乱丁・落丁本はお取り替えいたします。